W. Legrum

Starthilfe
Pharmazie

Starthilfe
Pharmazie

Von Prof. Dr. Wolfgang Legrum
Marburg

 B. G. Teubner Stuttgart · Leipzig · Wiesbaden

Prof. Dr. rer. physiol. Wolfgang Legrum

Geboren 1951 in Ludwigshafen/Rhein. 1976 Staatsexamen der Pharmazie in Kiel, Studium der Humanbiologie und Promotion in Marburg 1979, Habilitation 1988, apl. Professor seit 1994 am Institut für Pharmakologie und Toxikologie der Universität Marburg. Gastprofessor am Fachbereich Chemie der Universität Marburg. Apotheker am Klinikum der Universität Marburg. Ab Juli 2000 am U.S. Horticultural Research Laboratory des U.S. Department of Agriculture in Fort Pierce, Florida.

Die Deutsche Bibliothek – CIP-Einheitsaufnahme
Ein Titeldatensatz für diese Publikation ist bei
Der Deutschen Bibliothek erhältlich.

1. Auflage Oktober 2000

Alle Rechte vorbehalten
© B. G. Teubner GmbH, Stuttgart / Leipzig / Wiesbaden 2000

Der Verlag Teubner ist ein Unternehmen der Fachverlagsgruppe BertelsmannSpringer.

www.teubner.de

Gedruckt auf säurefreiem Papier
Umschlaggestaltung: Peter Pfitz, Stuttgart
Druck und buchbinderische Verarbeitung: Präzis-Druck GmbH, Karlsruhe
Printed in Germany

ISBN 3-519-00299-X

Vorwort

Zum Zeitpunkt als der Verlag B.G.Teubner mit der Anregung an mich herantrat, eine 'Starthilfe Pharmazie' zu verfassen, ergab sich für mich zufällig eine Mitarbeit in der Apotheke des Klinikums der Universität Marburg. Dadurch konnte ich Bekanntes aus dem Studium wieder praktizieren und gleichfalls Neues kennenlernen. Von dieser Situation profitierte die Entstehung dieses Buches ebenso wie von meiner langjährigen Beschäftigung mit Themen der Pharmakologie und Toxikologie in Forschung und Lehre an verschiedenen Fakultäten der Universität Marburg.

Die Pharmazie ist ein Fach mit vielen praktischen und wissenschaftlichen Teildisziplinen. Man kann sie mit einem Mosaik vergleichen. Folglich ist es schwierig, alle Bereiche zu würdigen. Eine Stoffauswahl ist erforderlich und erzwingt das Setzen von Schwerpunkten. Das Buch stellt anhand ausgewählter Themen typische und wichtige Gebiete der pharmazeutischen Ausbildung dar. Vor allem soll es eine fachliche Informationsquelle über die Pharmazie sein, und zwar für Schüler, Abiturienten, Lehrer, Berufsberater und natürlich für Studienanfänger. Selbstverständlich kann der Band umfangreiche Lehrbücher nicht ersetzen. Er enthält aber grundlegendes Wissen, das den Einstieg in zentrale Themen der Pharmazie ermöglicht. Darüber hinaus werden dem Leser auch einige Ausblicke auf mögliche pharmazeutische Tätigkeitsfelder und auf die nachuniversitäre berufliche Weiterbildung vermittelt.

Mein Dank gilt dem Leiter der Apotheke des Klinikums der Universität Marburg Herrn Dr. U. Berger und dessen Mitarbeitern. Bei Kollegen, Praktikanten, Studenten, Famulanten der Pharmazie möchte ich mich für Anregungen aus interessanten Gesprächen und hilfreichen Diskussionen bedanken. Ganz wesentlich zum Entstehen trug die praktische und theoretische Hilfe von Prof.Dr.G.F.Fuhrmann, M.Legrum und Ph.Legrum bei, denen ich an dieser Stelle danke.

Marburg, im Juni 2000   Wolfgang Legrum

Inhalt

Abkürzungen

A Absorption, absorbance
AA Arbeitsanweisung
AAppO Apotheker Approbations-
ordnung
AMG Arzneimittelgesetz
AUC area under the curve
BAN British Approved Name
BAT Biologischer Arbeitsstoff
Toleranzwert
BfArM Bundesministerium für Arznei-
mittel und Medizinprodukte
bar Druckeinheit, 1 bar = 10^5 Pascal
Cl Clearance
CMR kanzerogen, mutagen,
reproduktionstoxisch
Da Dalton = Atommasseneinheit
DAB Deutsches Arzneibuch
DC Dünnschicht-Chromatographie
(TLC)
DCF Dénomination Commune
Française
DIN Deutsches Institut für Normung
E Extinktion, Energie
EN Europäische Normenorganisation
FDA Food and Drug Administration
GC Gas-Chromatographie
GCP Good Clinical Practice
GFR glomeruläre Filtrationsrate
GLP Good Laboratory Practice
GMP Good Manufactoring Practice
HAB Homöopathisches Arzneibuch
HMV Herz-Minutenvolumen
HPLC High Pressure Liquid
Chromatography
HTS High Throughput Screening
I Intensität

INN International non-proprietary
names
ISO International Standardization
Organization
IUPAC International Union of Pure and
Applied Chemistry
kDa 1000 Da
L Liter
M molar = mol/L (Konzentration)
MAK Maximale Arbeitsplatz
Konzentration
MIC Minimal Inhibitorische
Konzentration = MHK
mL Milliliter
mol Mol
MPa 10^6 Pa = 10^6 N/m^2 (Druckeinheit)
Mr relative Molekularmasse in Da
MS Massenspektrometrie
pH potentia hydrogenii; pH = -lg [H$^+$],
Maß für die Protonenkonzentration
Ph. Eur. Pharmacopoea Europaea
QMS Qualitäts-Management-System
QS Qualitäts-Sicherung
SOP Standard Operation Procedure
TLC Thin Layer Chromatography
TM trade mark
TRK Technische Richtkonzentration
TRGS Technische Regeln für
Gefahrstoffe
u Atommasseneinheit (amu)
Upm Umdrehungen pro Minute
UV Ultaviolett (UV-A, UV-B, UV-C)
VA Verfahrensanweisung
Vis sichtbares Licht
vol% Volumen-Prozent
WHO World Health Organization

1 Einführung

An welchen Universitäten kann man Pharmazie studieren? Dies ist eine der zentralen Fragen von künftigen Studierenden der Pharmazie. In Deutschland stehen 22 Einrichtungen zur Auswahl. Bis auf Bremen hat jedes Bundesland mindestens einen Standort mit der Möglichkeit zur Ausbildung im Fach Pharmazie.

1.1 Die Studienorte

In jüngerer Vergangenheit gab es einige zum Teil noch andauernde Standortveränderungen. So wurde zum Wintersemester des Jahres 1938 der Lehrbetrieb für Pharmazie an zehn Universitäten eingestellt, nämlich an den Orten Bonn, Darmstadt, Gießen, Göttingen, Greifswald, Halle, Hamburg, Heidelberg, Rostock und Würzburg. Von den in Westdeutschland liegenden Orten wurden Bonn, Hamburg, Heidelberg und Würzburg nach dem Krieg wieder eingerichtet. In der DDR gab es nur noch in Berlin, Leipzig und Greifswald die Möglichkeit zum Pharmaziestudium. Erst nach dem Beitritt der neuen Bundesländer wurden die Institute in Halle und Jena wieder eröffnet, so daß im Vergleich zur Zeit vor 1938 Darmstadt, Göttingen, Gießen und Rostock keine Pharmazeutischen Institute mehr beherbergen.

Die Ausbildung zum Apotheker war seit der Reichsgründung mehrmals Gegenstand von Umstrukturierungen gewesen. Zunächst war es eine Notwendigkeit für den aus Teilgebieten zusammengefügten Staat, eine einheitliche Ausbildungsordnung zu finden, die ein gleiches Niveau schuf und die Errungenschaften der progressiven süddeutschen Länder einigermaßen respektierte. Die Entwicklung der pharmazeutischen Ausbildung ist in Abb. 1.1 zusammengefaßt für den Zeitraum von der ersten erlassenen deutschen Ausbildungsordnung bis zur Gegenwart. Kennzeichnend ist, daß die Ausbildung anfänglich mit Lehrjahren und Gesellenjahren begann, an die sich nur ein kurzes dreisemestriges Universitätsstudium anschloß. Ohne auf die Beweggründe für die verschiedenen Änderungen im einzelnen einzugehen, fällt auf, daß sich die Anforderungen an die Schulausbildung erhöht haben, die praktischen Lehr- und Gesellenjahre im Gegenzug zurückgedrängt wurden und gleichzeitig die universitäre Ausbildung größeres Gewicht bekam. Hierdurch glich sich die Ausbildung im Fach Pharmazie langsam an die Ausbildungsgänge anderer akademischer Berufe an, in denen praktische Erfahrung nur noch in der Form von Famulaturen kurz vor oder während der

ersten Semester des Studiums punktuell gesammelt werden können. Während die
Ausbildungsordnung von 1934 in der DDR schon 1951 abgelöst wurde zugunsten
eines achtsemestrigen Studiums, verlief die Veränderung in der Bundesrepublik
Deutschland mit den Ausbildungsordnungen von 1971 und 1989 in zwei Schritten. Die derzeit letzte Entwicklungsstufe ist das nach dem 13. Schuljahr und
erworbener allgemeiner Hochschulreife beginnende achtsemestrige Hochschul-
studium, an das sich ein einjähriges Praktikum anschließt.

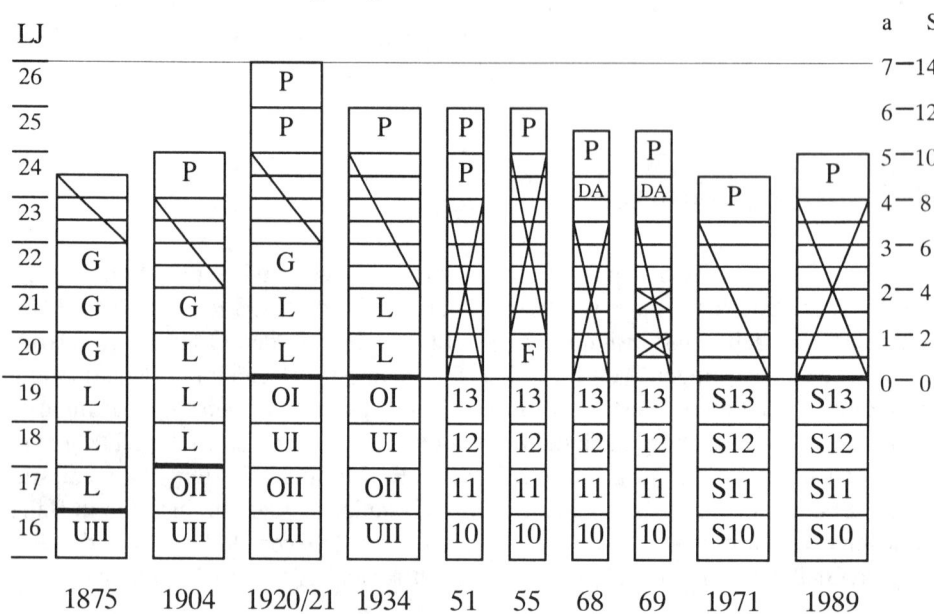

1875   1904   1920/21 1934   51   55   68   69   1971   1989

Abb. 1.1: Die Ausbildung zum Apotheker in schematischer Übersicht nach den jeweils gültigen
Prüfungsordnungen (Jahreszahlen unter den Säulen). Linke Ordinate: Lebensjahre (LJ) des
Schülers/Studenten. Rechte Ordinaten: Jahre (a) oder Semester (S) nach Erwerb der Allgemeinen
Hochschulreife. Symbole: UII, OII: Unter-/Ober-Sekunda, UI, OI: Unter-/Ober-Prima,
S13: Schuljahr 13. L: Lehrjahr, G: Gesellenjahr, P: Praktikantenjahr, DA: Diplomarbeit; F: Famu-
latur. Semester durch schrägen Strich verbunden. X: Famulatur innerhalb des Semesters. Schmale
Säulen: DDR, breite Säulen: Deutsches Reich und Bundesrepublik Deutschland. Frauen wurden
seit 1899 zum Studium zugelassen.

In unseren deutschsprachigen Nachbarstaaten war diese Entwicklung anders
verlaufen. Seit 1961 erfolgte in der Schweiz und seit 1969 in Österreich die
Ausbildung zum Pharmazeuten nach dem Abitur in einem achtsemestrigen Hoch-
schulstudium.

Die nachfolgende Tabelle (Tab. 1.1) stellt die derzeitigen Standorte mit den wichtigsten Daten über die Studienorte und die pharmazeutischen Fachbereiche
zusammen, darunter die Anzahl der zur Verfügung stehenden Studienplätze und

die Ausstattung der pharmazeutischen Institute mit Abteilungen, welche die verschiedenen Teildisziplinen der Pharmazie vertreten.

Ort	Studien- plätze	Pharmazeut. Abteilungen	Gründung (Jahr)	Einwohner	Bundesland
Berlin, FU	100	C B T P	1902	3 100 000	Berlin
Bonn*	80	C B T P	1925	293 000	NRW
Braunschweig	78	C B T P	1835	250 000	NiSa
Düsseldorf	51	C B T p	1975	570 000	NRW
Erlangen	38	C B T p	1865	100 000	Bayern
Frankfurt	83	C B T P	1919	652 000	Hessen
Freiburg i. Br.	94 (W)	C B T p	1820 1927	179 000	BaWü
Greifswald*	102 (W)	C B T p G	1921	59 000	MeVPo
Halle*	117 (W)	C B T P	1927 1931	235 000	SaAn
Hamburg*	38	C B T p	1928	1 625 000	HH
Heidelberg*	45	C B T P	1771 1973	139 000	BaWü
Jena	59 (W)	C B T p	1902	100 000	Thüringen
Kiel	46	C B T p	1926	237 000	SchleHo
Leipzig	57 (W)	C B T p	1938	495 000	Sachsen
Mainz	47	C B T P	1946	201 000	RhLPf
Marburg	89	C B T P G	1844	77 000	Hessen
München	82	C B T p L	1840	1 280 000	Bayern
Münster	71	C B T P	1926 1934	275 000	NiSa
Regensburg	90 (W)	C B T P	1975	142 000	Bayern
Saarbrücken	25	C B T p	1961	196 000	Saarland
Tübingen	35	C B T P G	1920 1943	82 000	BaWü
Würzburg*	45	C B T p L	1900 1906	126 000	Bayern

Tab. 1.1: Studienorte mit Pharmazeutischen Hochschuleinrichtungen. Anzahl der Studienplätze im ersten Semester, (W): Zulassung nur im Winter-Semester, Abkürzungen der am Ort vertretenen Pharmazeutischen Abteilungen: C: Pharmazeutische Chemie, B: Pharmazeutische Biologie, T: Pharmazeutische Technologie. Der erste Lehrstuhl wurde für dieses Fach 1950 in Braunschweig eingerichtet, von 1966 - 1979 folgten alle weiteren Universitäten, so daß heute an allen Orten dieses Fach institutionell vertreten ist. Pharmakologie und Toxikologie, P: Sofern eine eigene Abteilung vorhanden ist oder ein eigener Hochschullehrer für die pharmazeutische Ausbildung verantwortlich ist, p: Wenn das Fach von Kollegen des Fachbereichs Humanmedizin mitbetreut wird. G: Geschichte der Pharmazie (und Naturwissenschaften). Wenn nicht gekennzeichnet, wird die Lehre von medizinischen oder anderen Einrichtungen erbracht. L: Lebensmittelchemie. FU: Freie Universität. Gründung: gibt das Jahr der Gründung eines eigenständigen Instituts an oder das Jahr der Gründung als Abteilung plus das ihrer Ausgliederung aus der Chemie. * 1938 geschlossenes Pharmazeutisches Institut.

In der Schweiz ist es möglich in Basel (182), Bern (145), Fribourg (Freiburg im Üchtland), Genève (Genf, 159), Lausanne (127) und Zürich (356) Pharmazie zu studieren, in Österreich sind es die Städte Graz (243), Innsbruck (116) und Wien (1610); (Einwohner in Tausend).

1.2 Die Ausbildung

Die Ausbildung zum Pharmazeuten ist durch die Approbationsordnung für Apotheker von 1989 (AAppO) in Umfang, Gliederung und Inhalt vorgegeben.

Sie besteht aus einem achtsemestrigen Studium an einer Universität, einer achtwöchigen Famulatur in einer Apotheke und in einer zwölfmonatigen praktischen Ausbildung, von der die Hälfte in einer öffentlichen Apotheke abzuleisten ist. Die zweite Hälfte des Praktikums kann in einer anderen Einrichtung wie Krankenhausapotheke, Universitätsinstitut oder Industrie erfolgen. Die pharmazeutische Ausbildung ist in drei Abschnitte gegliedert, die jeweils am Ende mit einer Prüfung abzuschließen sind.

Im sogenannten Grundstudium hat man zunächst die naturwissenschaftlichen Kenntnisse zu erwerben. Um sich den prüfungsrelevanten Stoff anzueignen, sind theoretische Lehrveranstaltungen, also Vorlesungen, zu besuchen. Darüber hinaus ist die erfolgreiche Teilnahme an Seminaren und an praktischen Veranstaltungen durch die Vorlage von Scheinen nachzuweisen. Die elf praktischen Lehrveranstaltungen der ersten vier Semester ergeben zusammen 975 Stunden Unterricht. Die derzeit verbindliche Aufstellung ist in der Anlage 1 der AAppO abgedruckt.

Im ersten Abschnitt der Pharmazeutischen Prüfung, die einer Vordiplomprüfung in anderen Studiengängen entspricht, werden die erworbenen Kenntnisse schriftlich geprüft. Der Kandidat muß hierzu Fragen, welche vom Institut für Medizinische und Pharmazeutische Prüfungsfragen (IMPP) ausgearbeitet worden sind, nach dem multiple choice-Prinzip beantworten. Der gesamte Stoff, der im Detail in Anlage 13 der AAppO rechtlich bindend beschrieben ist, deckt die folgenden vier Themenbereiche ab:

Allgemeine, anorganische und organische Chemie,
Grundlagen der Pharmazeutischen Biologie,
Physik und Grundlagen der Physikalischen Chemie und
Grundlagen der Pharmazeutischen Analytik.

Danach schließt sich in gleicher Struktur das Hauptstudium an, das dem Erwerb speziellen pharmazeutischen Wissens durch Vorlesungen, Seminare und Praktika gewidmet ist. In den vier Semestern ist der erfolgreiche Besuch von acht praktischen Lehrveranstaltungen mit zusammen 1053 Unterrichtsstunden nachzuweisen. Eine genaue Zusammenstellung findet sich in der Anlage 2 der AAppO. Die Prüfungen zum Abschluß des zweiten Abschnitts bestehen in vier mündlichen Prüfungen mit einer Dauer von jeweils 20 bis 40 Minuten. Die rechtsverbindlichen Prüfungsthemen stehen in der Anlage 14 der AAppO. Das Examen erstreckt sich auf folgende Fächer:

Pharmazeutische Chemie,
Pharmazeutische Biologie,
Arzneiformenlehre (Pharmazeutische Technologie) und
Pharmakologie und Toxikologie.

Der letzte Abschnitt der Ausbildung zum Pharmazeuten erfolgt in der Apotheke selbst. Nach einer einjährigen praktischen pharmazeutischen Tätigkeit, von der die Hälfte in einer öffentlichen Apotheke absolviert werden muß, und einer begleitenden Ausbildung Rechtskunde für Apotheker folgt die letzte mündliche Prüfung. Sie dauert zwischen 30 und 60 Minuten. Der Prüfungsstoff umfaßt die zwei Bereiche:

Pharmazeutische Praxis und
Spezielle Rechtsgebiete für Apotheker.

Die Prüfung schließt nach insgesamt fünf Jahren die Ausbildung ab. Auf Antrag erfolgt die Erteilung der Approbation zum Apotheker durch die zuständige Behörde des Bundeslandes, in dem der letzte Abschnitt der Pharmazeutischen Prüfung bestanden wurde. Die Approbation ermöglicht die Ausübung des Berufes.

1.3 Der künftige Wandel

Bedingt durch den kontinuierlichen Wandel der Berufsbilder muß von Zeit zu Zeit überprüft werden, ob die festgeschriebenen Ausbildungsinhalte mit den aktuellen und zu erwartenden Anforderungen übereinstimmen. In besonderem Maße gilt das für die pharmazeutische Ausbildung, zumal im Zuge der europäischen Einigung verbindliche Richtlinien zur Koordinierung von Rechtsvorschriften zu beachten sind.

Die überwiegende Zahl der Apotheker ist in öffentlichen Apotheken tätig. Deshalb muß sich die Ausbildung in erster Linie an den dort zu erledigenden Aufgaben ausrichten. Jedoch soll im Studium für alle pharmazeutischen Tätigkeitsfelder eine Berufsfähigkeit vermittelt werden, damit eine einheitliche Approbation erhalten bleiben kann. Um diese Anforderungen zu erfüllen, müssen die Lehrinhalte und die Art der Wissensvermittlung im Pharmaziestudium modifiziert werden.

Faßt man die Fächer der gesamten pharmazeutischen Ausbildung in fünf Gruppen zusammen (Tab. 1.2) so stellt man die große Bedeutung der Chemie (I) im Studiengang fest. An der Tatsache, daß die Chemie die wesentliche Grundlage der pharmazeutischen Wissenschaft ausmacht, wird sich trotz Reduktion ihres relativen Anteils kaum etwas ändern. Dies gilt sowohl für das molekulare Verständnis der Wirkung von Arzneistoffen, als auch für die experimentell in Wissenschaft und Forschung zu bewältigenden Aufgaben. Jedoch soll in Zukunft den biologischen Fächern (II) durch Erweiterung in Richtung Molekularbiologie, Biotechnologie und Gentechnologie größere Bedeutung zukommen als bisher. In den medizinischen Fächern (IV) soll die Ausbildung intensiviert werden, da die Anforderungen an die Beratung über den Einsatz und die Anwendung von Arzneimitteln in der pharmazeutischen Tätigkeit stark zugenommen haben.

Fächergruppe		AAppO	Plan
		relativ (%)	relativ
I	Chemie	45.2	40.0
II	Biologie	20.8	19.9
III	Physik	19.6	19.4
IV	Medizin	12.4	19.4
V	Varia	1.6	1.2

Tab. 1.2: Das Studium der Pharmazie nach Fächergruppen aufgeschlüsselt. Die Gesamtzahl der Unterrichtsstunden beträgt nach AAppO (1989) 3263 Std. und nach neuem Plan 3146 Std. Ein Wahlpflichtfach mit 104 Std. käme als Ergänzung hinzu.

Gleichzeitig mit der neuen Gewichtung der Fächergruppen sollten auch die Empfehlungen der Europäischen Union berücksichtigt werden, wonach der theoretischen Ausbildung im Universitätsstudium mindestens 50% der gesamten Zeit zur Verfügung stehen muß. Wie Tab. 1.3 zeigt ist gegenwärtig das Praktikum als Veranstaltungsart eindeutig bevorzugt. In Zukunft wird man hier eine Kürzung zugunsten von Seminarveranstaltungen vornehmen müssen.

Veranstaltungsart	Zeitaufwand in Std.	
	absolut	relativ (%)
Vorlesung	1118	34.4
Seminar	117	3.6
Praktikum	2028	62.4

Tab. 1.3: Das Studium der Pharmazie gemäß der AAppO (1989) gegliedert nach der Art der Veranstaltungen. Insgesamt sind 3263 Std. zu absolvieren.

Neu sind Bestrebungen, den Studierenden in einer künftigen Approbationsordnung auch die Möglichkeit einzuräumen, im Hauptstudium ein Wahlpflichtfach belegen zu können. Hierdurch soll, der Neigung des einzelnen folgend, in speziellen Gebieten vertieftes Wissen erworben werden können. Zeitlich ist für ein solches Fach an einen Umfang von 104 Stunden gedacht, das sind 8 Semesterwochenstunden (SWS), das heißt über 13 Wochen jeweils 8 Std. pro Woche.

Nach wie vor uneinheitlich wird die Absicht beurteilt, Studierenden der Pharmazie die Möglichkeit zu geben, eine selbständige wissenschaftliche Arbeit, z. B. eine Diplomarbeit, anzufertigen. Eventuell lassen sich solche Pläne in einem Ergänzungsstudium realisieren.

2 Die Grundlagen

2.1 Physik

Vor Ihnen steht ein Glas gefüllt mit schwarzem Tee. Für das Auge ist es keine Schwierigkeit zu erkennen, ob das Getränk stark oder schwach zubereitet ist. Unsere Erfahrung zieht eine Verbindung zwischen der Farbintensität und dem zu erwartenden Inhalt. Wodurch ändert sich die Farbintensität und wie kann man dieses optische Phänomen präziser fassen? Hierauf gibt ein Teilgebiet der Physik, die Optik, eine Antwort. Das Phänomen der Absorption von Licht soll wegen seiner grundlegenden Bedeutung für viele Bereiche in Wissenschaft und Praxis hier vorgestellt werden.

Fällt Licht durch eine Lösung, so tritt ein Teil mit den darin befindlichen Molekülen in Wechselwirkung. Das bedeutet, die Elektronen der Moleküle lassen sich dazu bringen, die angebotene Energie zu absorbieren. Jedoch geschieht dies nicht wahllos. Eine Absorption gelingt nur, wenn die Energie des Lichts, festgelegt durch dessen Wellenlänge, mit der benötigten Anregungsenergie für die Elektronen des gegebenen Moleküls übereinstimmt. Die Lichtenergie E ist das Produkt aus dessen Frequenz ν (1/Zeit) und der Planck-Konstante h (Energie $\times$ Zeit) ($E = h \times \nu$). Wellenlänge λ und Frequenz stehen über die Lichtgeschwindigkeit c im Zusammenhang ($c = \lambda \times \nu$). Je nach Struktur des Moleküls ist die Anregungsenergie unterschiedlich. Aus dem einfallenden Licht, das eine Mischung von verschiedenen Wellenlängen enthält und uns deshalb weiß erscheint, absorbiert ein Molekül eine charakteristische Auswahl von Wellenlängen. Das übrigbleibende Licht, welches für den Farbton und die Farbintensität verantwortlich ist, registriert unser Auge.

Mit Photometern kann man beide Qualitäten objektiv messen und qualitative Aussagen über das Molekül und quantitative Aussagen über deren Anzahl machen. Ein weiterer Vorteil ist, daß auch Licht außerhalb des sichtbaren Spektrums von 400-800 nm verwendbar ist, vorzugsweise UV-Licht, das aufgrund seiner Energie aromatische Strukturen in organischen Molekülen anregen kann. Zwischen Wellenlängen von 100-400 nm handelt es sich um UV-Licht, das in die Bereiche C (100-280 nm), B (280-320 nm) und A (320-400 nm) unterteilt wird. Ein Ausdruck für die photochemische Wirksamkeit des UV-Lichts ist die hautschädigende Wirkung des UV-C und die indirekte und direkte Pigmentierung der Haut durch UV-B und UV-A.

Ein Photometer besteht aus drei Elementen, einer Lichtquelle, einem Monochromator und einem Detektor. Die zu messende Probe wird dazwischen
positioniert (Abb. 2.1). Der Monochromator (optisches Gitter) hat die Aufgabe,
die Anteile des Lichts nach Wellenlängen zu sortieren, um sie getrennt meßbar zu
machen.

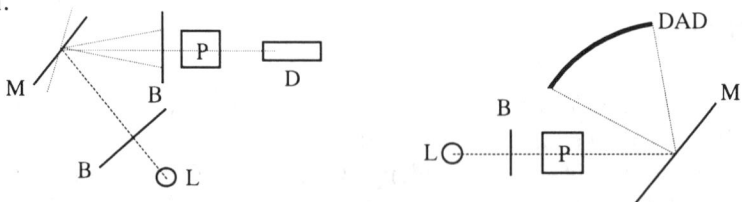

Abb. 2.1: Zwei prinzipielle Bauweisen von Einstrahl-Photometern. *Links*: Lichtquelle (L), Blende
(B), Monochromator (drehbar) (M), Blende (B), Probe (P), Detektor (D). *Rechts*: L, B, P, M (fest-
stehend), Dioden-Array-Detektor (DAD). Mit diesem Typ lassen sich simultan alle Wellenlängen
erfassen, ohne Bauteile bewegen zu müssen.

Mit solchen Geräten lassen sich nach Messen der einzelnen Wellenlängen
(Scannen) von festen, flüssigen, gelösten und gasförmigen Verbindungen sog.
Absorptionsspektren ermitteln. Diese zeichnen sich durch charakteristische
Maxima und Minima aus und können deshalb zur Identifizierung von Substanzen
herangezogen werden.

Für eine quantitative Bestimmung wählt man wegen der höheren Empfindlichkeit
am besten eine Stelle hoher oder maximaler Absorption aus. Einfallendes Licht
wird auf dem Weg durch die Probe, die sich meist in einer Küvette aus
Spezialglas befindet, geschwächt. Je höher die absorbierende Moleküldichte in der
Probe, desto geringer ist die Intensität des austretenden Lichts. Erst nachdem
dieser Zusammenhang durch Bouger, Lambert und Beer mathematisch klar erfaßt
worden war, konnte man Konzentrationsbestimmungen auf der Basis von Licht-
messungen durchführen.

Die Abnahme der Lichtintensität (dI) auf dem Weg durch eine dünne Schicht der
Probe (ds) ist der anfänglichen Lichtintensität (I) proportional, denn höhere
Intensitäten erreichen mehr Moleküle. Mathematisch formuliert man mit α als
Proportionalitätsfaktor:

$$- dI / ds = I \times \alpha \qquad\qquad\qquad Gl. 2.1$$

Dies ist eine Differentialgleichung, die sich nach Trennung der Variablen durch
Integration lösen läßt. Sie liefert für die Randbedingung, daß vor Eintritt des
Lichts in die Probe (s = 0) die Intensität noch ungeschwächt ist ($I = I_0$), ein
anschauliches Ergebnis in der Funktion (Abb. 2.2)

$$I = I_0 \, e^{-\alpha s} \qquad\qquad\qquad Gl. 2.2$$

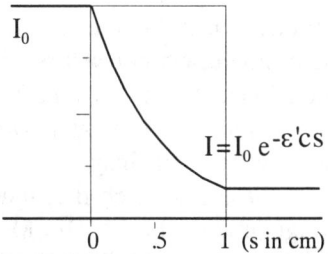

$$I = I_0\, e^{-\varepsilon' c s}$$

0   .5   1 (s in cm)

Abb. 2.2: Intensität des Lichts während der Passage durch eine Küvette mit einer Schichttiefe von 1.000 cm, die absorbierende Moleküle enthält. I_0 ist die anfängliche Intensität. Lichteinfall von links. Das Verhältnis I/I_0 wird als Durchlässigkeit D oder Transmission T (transmittance) bezeichnet. Vgl. Abschnitt 4.4, Pharmakokinetik.

Dieser Gleichung kann man entnehmen, daß der von einer Substanz absorbierte Anteil des Lichts unabhängig von der anfänglichen Lichtintensität ist. Absorptionsmessungen sind also nicht von der Intensität der Lampe abhängig, was vergleichbare Ergebnisse mit verschiedenen Photometern ermöglicht. Für verdünnte Lösungen gilt der Zusammenhang $\alpha = \varepsilon' \times c \times s$, so daß man Gleichung 2.2 umwandeln kann zu

$$\ln(I_0/I) = \varepsilon' \times c \times s \qquad \text{oder} \qquad \lg(I_0/I) = \varepsilon \times c \times s = A = E \qquad \text{Gl. 2.3}$$

Hierin bedeuten ε den molaren dekadischen Absorptionskoeffizienten, c die molare Konzentration, s die Schichtdicke, A die Absorption (absorbance), was gleichbedeutend ist mit E, Extinktion. Die Gleichung drückt das Lambert-Beersche Gesetz aus, wonach bei konstanter Schichtdicke (meist 1.000 cm) die Absorption der Konzentration der Substanz direkt proportional ist.

Die Meßgeräte müssen also aus den primär gemessenen Parametern I_0 und I den Logarithmus des Quotienten ($\lg I_0/I$) bilden und dadurch die Absorption, welche eine benennungslose Größe ist, zur Anzeige bringen.

2.2 Physikalische Chemie

Die Verteilung einer Substanz in verschiedenen Phasen oder Medien ist eine in der Wissenschaft ständig vorkommende Wechselwirkung. Sie hat Bedeutung in biologischen und medizinischen Systemen und stellt die Grundlage für technische und analytische Verfahren dar, beispielsweise für die Verteilungschromatographie. Deshalb soll an dem Phänomen des Verteilungsgleichgewichtes in die Denkweise der Physikalischen Chemie eingeführt werden.

Für den Versuch benötigt man eine Substanz und zwei Lösungsmittel. Eines davon ist Wasser, das andere eine organische mit Wasser nicht mischbare Flüssigkeit. Der Verteilungskoeffizient der gegebenen Substanz, aus meßtechnischen Gründen ein Farbstoff, ist im Experiment zu ermitteln.

Begonnen wird in einem verschließbaren Kölbchen, in dem sich 1 g Farbstoff, 50 mL Wasser und 50 mL Lösungsmittel befinden. Nach Schütteln und Phasentrennung werden aus jeder Phase Proben entnommen, aus der wäßrigen 25 mL, aus der organischen 5 mL, um in ihnen die Konzentration des Farbstoffs zu messen. Hierzu verwendet man ein Photometer. Für einen zweiten Durchgang ergänzt man mit 25 mL Wasser und verfährt wie bekannt. Insgesamt bestimmt man fünf Paare von Konzentrationen und stellt diese graphisch dar, indem man c_{Wn} gegen c_{Ln} in ein Koordinatensystem einträgt (n von 1 bis 5). Die Meßpunkte liegen auf einer Geraden der Steigung k durch den Ursprung (Abb. 2.3).

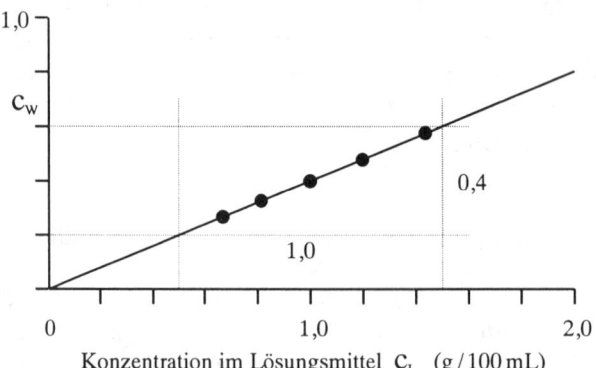

Abb. 2.3: Graphische Darstellung der Konzentrationen des Farbstoffs, nach viermaligem Ausschütteln und Abnahme von Proben aus jeder Phase. Abszisse c_L, Ordinate c_W beide in g/100 mL. Das Steigungsdreieck (gestrichelt) liefert den Verteilungskoeffizienten k, hier 2/5. Die fünf Meßpunkte (Konzentrationspaare c_{Wn}, c_{Ln}, n = 1 bis 5) sind von rechts nach links eingetragen.

Konzentration im Lösungsmittel c_L (g/100 mL)

Der Zusammenhang wird Nernstsches Verteilungsgesetz genannt. Hiernach ist der Quotient aus den Konzentrationen der Substanz in den beiden Lösungsmitteln konstant. Das Gesetz gilt gleichermaßen für feste, flüssige oder gasförmige Substanzen, die allerdings keine Mischbarkeit der Lösungsmittel bewirken und selbst keine Änderungen durch Dissoziation oder Assoziation erfahren dürfen.

$$c_{Wn} / c_{Ln} = k = \text{Verteilungskoeffizient} \qquad\qquad \text{Gl. 2.4}$$

Der Verteilungskoeffizient des Farbstoffes ist 2/5. Das bedeutet, daß der Farbstoff sich in höherer Konzentration im organischen Medium befindet. Mit Hilfe des Verteilungsgesetzes kann man ausrechnen, mit wieviel Lösungsmittel man die ursprüngliche wäßrige Lösung ausschütteln muß, damit die darin anfänglich vorhandene Menge auf einen bestimmten Bruchteil gesenkt werden kann.

Die wäßrige Lösung weist anfänglich ein Volumen V_{W0} und eine Konzentration des Stoffes von c_{W0} auf. Sie wird mit einem Lösungsmittel des Volumens V_L ausgeschüttelt. Die aus dem Wasser in das Lösungsmittel abwandernde Substanz läßt sich allgemein angeben:

$$(c_{W0} - c_{W1}) \, V_W = c_{L1} \, V_L \qquad\qquad \text{Gl. 2.5}$$

Durch Einsetzen von Gleichung 2.4 ergibt sich für die neue Konzentration c_{W1} nach dem Ausschütteln:

$$c_{W1} = c_{W0} \frac{k}{k + \dfrac{V_L}{V_W}} \qquad \text{Gl. 2.6}$$

Soll bei einem Verteilungskoeffizienten von 2/5 ein Bruchteil von einem Prozent (0.01) erreicht werden, so ist in Gleichung 2.6 einzusetzen und nach dem Verhältnis zwischen Lösungsmittel und Wasser umzustellen. Für das Beispiel errechnet man für das Lösungsmittel ein 39.6 mal größeres Volumen, verglichen mit der wäßrigen Phase.

Dies ist ein unter verschiedenen Gesichtspunkten unwirtschaftliches Verfahren. Wesentlich effektiver ist es, mit kleineren Lösungsmittelvolumina mehrfach auszuschütteln. Die Berechnung läßt sich anhand der Gleichung 2.6 einfach nachvollziehen.

Wird nach dem ersten Ausschütteln die gesamte Lösungsmittelphase entfernt und durch frisches Lösungsmittel ersetzt, ergibt sich für die Konzentration der Substanz in der wäßrigen Phase nach dem zweiten Ausschütteln:

$$c_{W2} = c_{W1} \frac{k}{k + \dfrac{V_L}{V_W}} = c_{W0} \left[\frac{k}{k + \dfrac{V_L}{V_W}} \right]^2 \qquad \text{Gl. 2.7}$$

Soll das Wasser immer mit dem gleichen Volumen Lösungsmittel ausgeschüttelt werden ($V_L/V_W = 1$), so kann man leicht mit einem Taschenrechner den Fortgang des Verfahrens verfolgen und stellt fest, daß die Konzentration rasch absinkt, wie die relativen Angaben zeigen:

1.000	0.286	0.082	0.023	0.007

Man hat also mit einem Gesamtvolumen des Lösungsmittels, das nur 4 mal größer war als das der wäßrigen Phase eine geringere Konzentration erreicht als mit dem fast 40 mal größeren Volumen im ersten Beispiel.

Der Verteilungskoeffizient einer chemischen Verbindung ist von den am Molekül vorhandenen funktionellen Gruppen abhängig (vgl. Abschnitt 3.8). Eine gute Löslichkeit in Wasser garantieren polare Gruppen wie Hydroxylgruppen (-OH) oder geladene Gruppen. Bei letzteren sind die Ladungen entweder permanent ($-NR_3^+$) oder sie sind aufgrund der Verschiebung von Protonen (H^+) vom pH-Wert des umgebenden Mediums abhängig ($-COO^-$, $-NR_2H^+$).

2.3 Die Konzentration

Der sichere Umgang mit Konzentrationsangaben ist ein wesentliches Element der messenden experimentellen wissenschaftlichen Betätigung und der praktischen pharmazeutischen Tätigkeit. Erst die Nutzung dieses Begriffes macht quantitative Untersuchungen an Stoffen möglich. Quantifizierende analytische Meßverfahren und pharmakologisch-toxikologische Untersuchungen von Substanzen basieren auf dessen korrekter Verwendung. Die Kenntnis der Konzentration ist auch zur Unterscheidung und Charakterisierung verschiedener Medikamente wichtig.

Angaben von Konzentrationen (c) stellen einen Quotienten aus einer Masse (m) an Substanz oder einer Anzahl von Teilchen (n) und dem Volumen (V) dar, das sie erfüllen können (Tabelle 2.1).

$$c = m/V \qquad \text{oder} \qquad c = n/V \qquad\qquad \text{Gl. 2.8}$$

Diese einfache Definition kann unterschiedlich interpretiert werden. Sofern die Substanz nur ihr eigenes Volumen erfüllt, handelt es ich um die Dichte eines Körpers. Ist die Substanz in einem anderen Medium gelöst, kann man ebenfalls deren Dichte ermitteln. In diesem Bereich haben sich auch alte Systeme wie die Grade nach Oechsle oder ein nichtlineares System nach Baumé (Grad Baumé, °Bé) gehalten. Ist die Substanz in einem Medium gelöst, handelt es sich um eine Konzentration. Sie auszudrücken gibt es mehrere Möglichkeiten: als Stoffmengenkonzentration (Molarität) oder als Osmolarität, als Massenkonzentration oder in Massen- bzw. Volumenprozenten.

Größe	Symbol	Definition	Einheit
Molarität (Stoffmengenkonzentration)	c	$c = n/V$	mol/L $\equiv$ M
Massenkonzentration	U	$U = m/V$	kg/m^3 $\equiv$ g/mL
		$p = m/m$	% (m/m)
		$p = V/V$	% (V/V), vol%
Dichte	ρ	$\rho = m/V$	kg/m^3
(Geschwindigkeit	v	$v = s/t$	m/s)

Tab. 2.1: Zusammenstellung von Symbolen, Definitionsgleichungen und Einheiten für gebräuchliche Angaben von Konzentrationen. Geschwindigkeiten verhalten sich analog und sind deshalb aufgenommen (vgl. Gl. 2.13). Die Osmolarität beschreibt die Konzentration von osmotisch wirksamen Teilchen. NaCl dissoziiert in wäßriger Lösung nahezu vollständig in Ionen.

Eine häufige Aufgabe besteht darin zu berechnen, welche Konzentration sich durch das Mischen zweier oder mehrerer Lösungen unterschiedlichen Volumens und verschiedener Konzentration ergibt.

Am einfachsten führt man die Rechnung über die Summierung der in den verschiedenen Lösungen enthaltenen Massen (oder Mengen, Teilchen) des Stoffes aus. Man bildet die einzelnen Produkte $c \times V$ und addiert diese. Das Gesamtvolumen ist die Summe der Teilvolumina, unter der Voraussetzung, daß keine Volumenkontraktion eintritt. Die errechnete Gesamtmasse (Gesamtmenge) kann nun durch das neue Gesamtvolumen dividiert werden, und man erhält die neue Konzentration. Das verwendete Maßsystem ist hierbei von untergeordneter Bedeutung.

$$c_1 V_1 + c_2 V_2 + c_3 V_3 + \dots = c_{neu} V_{ges} \qquad \text{Gl. 2.9}$$

Der rechnerische Ansatz läßt sich geometrisch veranschaulichen, indem man die den einzelnen Produkten $c \times V$ entsprechenden Flächen entlang der Abszisse 'Volumen' nebeneinander aufreiht. Aus der Gesamtfläche der Rechtecke muß dasjenige mit der durchschnittlichen Höhe c_{neu} ermittelt werden, das den gleichen Flächeninhalt, d.h. die gleiche Gesamtmasse, hat.

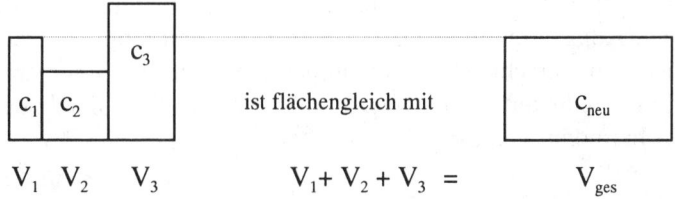

$$V_1 + V_2 + V_3 = V_{ges}$$

Abb. 2.4: Graphische Darstellung der Gleichung 2.9. Die Rechnung geht von der Bedingung aus, daß sich die Teilvolumina beim Mischen additiv verhalten, also keine Volumenkontraktion auftritt.

Eine andere häufig vorkommende Aufgabe ist das Aufstocken einer Zubereitung (z. B. Lösung, Salbe) geringer Konzentration auf eine gewünschte höhere durch Zumischen einer hochkonzentrierten Hilfszubereitung.

Die Idee zur Lösung ist die gleiche. Bekannt sind die aufzustockende Zubereitung in Masse (m_1) und Konzentration (p_1), ebenso deren Zielkonzentration (p_3) und die Konzentration der Hilfszubereitung (p_2). Die mathematische Gleichung, die m_2 als einzige Unbekannte enthält, nach der aufzulösen ist, lautet:

$$p_1 m_1 + p_2 m_2 = p_3 (m_1 + m_2). \qquad \text{Gl. 2.10}$$

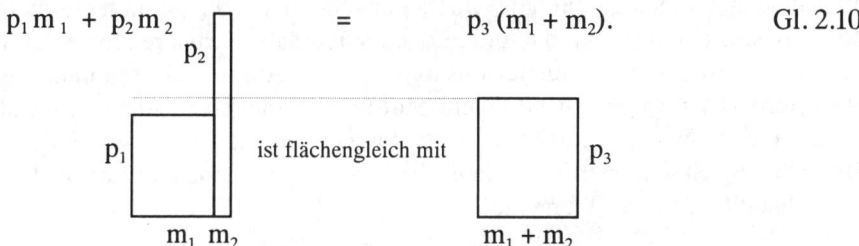

Hieraus ergibt sich für die Unbekannte, d.h. die Masse der zuzugebenden Zubereitung:

$$m_2 = m_1 \frac{p_3 - p_1}{p_2 - p_3}$$ Gl. 2.11

Will man die Aufgabe schrittweise lösen, steht man vor der Schwierigkeit die Endmasse nicht zu kennen. Dadurch ergibt sich eine geometrische Reihe. Das Anfangsglied (a) und den Dekrementfaktor (q) muß man zuvor ausrechnen. Dieser Ansatz ist umständlicher und komplizierter, führt aber unter Anwendung der Summe für eine geometrische Reihe [s = a/(1-q)] zu derselben Lösung für m_2 wie oben angegeben:

$$m_2 = \frac{a}{1-q} \quad \text{mit} \quad a = m_1 \frac{p_3 - p_1}{p_2} \quad \text{und} \quad q = \frac{p_3}{p_2}$$ Gl. 2.12

Obwohl die Anwendung der Gleichung des harmonischen Mittels zur Berechnung des Durchschnittswertes oft als Paradebeispiel angeführt wird, ist dies bei ihrer Anwendung auf Konzentrationen nur für einen Sonderfall möglich, wenn nämlich beide Lösungen in verschiedenen Volumina die gleiche Menge an Substanz enthalten. Dann reduziert sich wegen $c_1 V_1 = c_2 V_2$ die Gleichung 2.10 zur Gleichung des harmonischen Mittels:

$$c_{ges} = \frac{c_1 V_1 + c_2 V_2}{V_1 + V_2} \quad \text{wird zu} \quad c_{ges} = \frac{2}{\frac{1}{c_1} + \frac{1}{c_2}}$$ Gl. 2.13

Entsprechend kann man zur Berechnung der mittleren Geschwindigkeit v_{ges} nur bei gleichen Wegen $v_1 t_1 = v_2 t_2$ das harmonische Mittel verwenden.

2.4 Stöchiometrie

Die Stöchiometrie befaßt sich mit den Gewichtsverhältnissen zwischen den Elementen selbst und den Elementen in chemischen Verbindungen und ermöglicht dadurch Berechnungen von Massen und deren Veränderungen durch chemische Reaktionen. Grundlage für alle Überlegungen bilden die Summenformeln, die Reaktionsgleichungen und die im Periodensystem tabellierten relativen Atommassen, welche die Masse von jeweils rund 6×10^{23} Atomen (Loschmidtsche oder Avogadro Zahl), entsprechend einem Mol (1 mol), angeben. Außerdem steht bei Gasen die Atommasse mit dem Molvolumen von 22.4 L in Verbindung. Die Bezeichnung Stöchiometrie ist dem Griechischen entlehnt und bedeutet so viel wie 'Quantifizieren der Elemente'.

Als Beispiel für eine stöchiometrische Berechnung möge eine Aufgabe aus der Technik dienen. Sie soll der heute aufgrund des gestiegenen Umweltbewußtseins häufig erörterten Zusammenhänge zwischen dem Kohlendioxidausstoß von Kraftfahrzeugen und deren Treibstoffverbrauch nachgehen. Eine magische Grenze unterschreitet das sogenannte 3-Liter-Auto. Wie hoch ist dessen distanzbezogener Ausstoß an CO_2? Folgende Randbedingung wird zugrunde gelegt: Das Fahrzeug wird mit Dieselkraftstoff der Dichte 0.86 g/mL betrieben, der im Mittel aus Pentadekan ($C_{15}H_{32}$) besteht. Die Berechnung erfolgt nach den allgemein bekannten Regeln der Proportionalität (erweiterter Dreisatz).

Chemische Reaktionsgleichung der vollständigen Verbrennung des Treibstoffs:

$$C_{15}H_{32} \quad + \quad 23\,O_2 \quad \rightarrow \quad 16\,H_2O \quad + \quad 15\,CO_2 \qquad \text{Gl. 2.14}$$
$$212\,u \quad + \quad 23{\times}32 \quad \rightarrow \quad 16{\times}18\,u \quad + \quad 15{\times}44\,u$$

$$212\,u \quad + \quad 736\,u \quad = \quad 288\,u \quad + \quad 660\,u \quad = \quad 948\,u \ (\text{Massenbilanz})$$

In dieser Gleichung interessiert nur das Verhältnis zweier Massen, der des Pentadekans (212) und des daraus entstehenden Kohlendioxids (660). Es beträgt 660/212 = 3.11, was bedeutet, daß die Masse des CO_2 mehr als 3 mal größer ist als die des Treibstoffs. Werden nun für 100 km 3.00 L Dieseltreibstoff verbraucht, entspricht das einer Masse von 3×0.86 kg. Diese wird durch die betrachtete chemische Reaktion mit Sauerstoff um den Faktor 3.11 erhöht, so daß das Fahrzeug 3 × 0.86 × 3.11 kg CO_2 also 8.00 kg auf einer Strecke von 100 km, oder 80 g CO_2 pro km bildet.

Aus den ermittelten Massen lassen sich mit Hilfe des Molvolumens auch die zugehörigen Gasvolumina berechnen. Fährt das Fahrzeug im Winter (0°C) auf Meereshöhe (Normaldruck), entstehen im Verlaufe eines Kilometers 22.4×80/44 also 40.7 L an CO_2 und 22.4 × 35/18 also 43.5 L an Wasserdampf.

Abschließend soll noch berechnet werden wieviel Treibstoff ein Fahrzeug mit Ottomotor verbrauchen darf, um den gleichen Ausstoß an CO_2 zu erreichen. Benzin hat lediglich eine Dichte von 0.75 g/mL und besteht im Mittel aus Octan (C_8H_{18}).

In diesem Fall werden im Verlaufe von 100 km 8.00 kg CO_2 aus Octan gebildet. Hierzu bedarf es einer Masse von 8×12/44 kg Kohlenstoff, also 2.18 kg Kohlenstoff, die als Octan vorliegt. Diese Verbindung hat durch den zusätzlichen Gehalt an Wasserstoff eine Masse von 2.19×114/96 kg, das sind 2.59 kg. Wegen der geringeren Dichte ergibt sich ein Volumen von knapp 3.5 L Benzin.

2.5 Anorganische Chemie

Dem Erwerb grundlegender theoretischer und praktischer Kenntnisse in der anorganischen Chemie kommt in der Ausbildung große Bedeutung zu. Das Wissen um die chemischen Reaktionen der wichtigsten Anionen und Kationen, die sich von den Elementen des Periodensystems der Elemente ableiten, ist ein unentbehrliches Werkzeug in der Hand des Pharmazeuten. Es dient dazu, Gemische unbekannter chemischer Substanzen zu analysieren und verläßliche Angaben über dessen Zusammensetzung zu machen.

Hierzu bedient man sich der qualitativen Analyse, die für den Nachweis der Kationen einem systematischen Gang folgt. Die Analyse läuft nach einem logischen Plan ab, der berücksichtigt, bei welchen Reaktionen eine Elementfamilie oder Gruppe benachbarter Elemente sich gleich verhält und ab welchem Stadium der Trennung welche chemischen Unterschiede zur eindeutigen Differenzierung nutzbar sind. Zum Nachweis der Anionen ist man allerdings auf eine große Zahl von Einzelreaktionen angewiesen.

Eine Analyse beginnt mit Vorproben. Hierzu gehören Flammenfärbung, Phosphorsalzperle, trockenes Erhitzen, Erhitzen mit verdünnter und konzentrierter Schwefelsäure. Mit den hierdurch erhaltenen Informationen lassen sich häufiger Vereinfachungen am eigentlichen Analysengang vornehmen. Dieser beginnt mit dem möglichst vollständigen Auflösen des Materials, da nur mit gelösten Ionen Reaktionen durchführbar sind. Unter Umständen sind verschiedene Medien auf deren Eignung zu prüfen (Wasser, Salzsäure, Salpetersäure, Königswasser), und bleibende Reste muß man aufschließen.

Exemplarisch soll an zwei Elementgruppen das systematische, experimentelle und logische Vorgehen beim Trennungsgang für Kationen dargestellt werden.

Aufgrund der den Metallen Silber, Quecksilber und Blei gemeinsamen chemischen Eigenschaft schwerlösliche Chloride zu bilden, fallen diese in der sog. HCl-Gruppe an. Enthält das Analysat diese Metalle oder wenigstens eines von ihnen, führen anfängliche Lösungsversuche mit Salzsäure immer zu unlöslichen Resten. Deshalb wird man nach Vorproben zu dem Schluß gekommen sein, besser in Salpetersäure zu lösen. Die salpetersaure Lösung enthält die Kationen

Tab. 2.2 **Salzsäure-Gruppe**

salpetersaure Lösung		
Pb^{2+}	Hg_2^{2+}	Ag^+
Zugabe von Salzsäure		
$PbCl_2$	Hg_2Cl_2	$AgCl$
weiß	weiß	weiß
mit heißem Wasser digerieren		
Pb^{2+}	Hg_2Cl_2	$AgCl$
einengen	mit Ammoniak versetzen	
abkühlen	schwarz	löslich als
1. $PbCl_2$	$Hg(NH_2)Cl$	$[Ag(NH_3)_2]^+$
Nadeln	$+ Hg$	
2. $PbSO_4$		$+ HNO_3$
weiß		$AgCl$ weiß
3. $PbCrO_4$		
gelb		

Ag, Hg und Pb. Wird sie mit Salzsäure versetzt (Tab. 2.2), fällt ein weißer Niederschlag, der aus AgCl, Hg_2Cl_2 oder $PbCl_2$ bestehen kann. Dies ist im zweiten Schritt herauszufinden.

Digeriert man den abfiltrierten Niederschlag mit heißem Wasser, so löst sich das $PbCl_2$ am leichtesten und kristallisiert im eingeengten, abgekühlten Filtrat in Nadeln aus. Auf Zusatz von Schwefelsäure zum Filtrat fällt weißes $PbSO_4$, das in ammoniakalischer Tartratlösung wieder löslich ist. Zusatz von Dichromat fällt hieraus gelbes $PbCrO_4$. Waren diese Nachweise negativ, muß der Blick auf Silber und Quecksilber gelenkt werden. Hier ist die Behandlung mit Ammoniak entscheidend. Während sich Hg_2Cl_2 mit Ammoniak wegen der Disproportionierung in Hg und $Hg(NH_2)Cl$ sofort schwarz färbt (Kalomel), löst sich AgCl unter Komplexbildung als $[Ag(NH_3)_2]^+$ auf. Nach Zusatz von Salpetersäure fällt wieder AgCl aus. Wurden Blei oder Quecksilber nachgewiesen, findet man diese in der Regel nochmals in der H_2S-Gruppe.

Ein weiteres Beispiel bieten die Erdalkalien der Triade Calcium, Strontium und Barium, die mit den Alkaliionen bis zum Ende des Trennungsgangs übrigbleiben. Sie liegen in salzsaurer Lösung vor, die mit Ammoniumcarbonat versetzt und gekocht wird. Hierbei fallen die weißen Carbonate der Erdalkalien aus und man kann sie abtrennen. In Essigsäure lassen sie sich auflösen. Nach Puffern mit Acetat fällt mit Dichromat gelbes $BaCrO_4$ aus, das eine grüne Flammenfärbung verursacht, die eventuell in der Vorprobe schon erkannt worden war. Strontium und Calcium müssen nun nochmals als Carbonate gefällt werden. Man löst in Salzsäure und versetzt mit Gipswasser. Sofern Strontium anwesend ist, reicht die Sulfatkonzentration des Gipswassers aus, um $SrSO_4$ zu fällen, da letzteres wesentlich schwerer löslich ist als $CaSO_4$ (Gips). Strontium zeigt eine rote Flammenfärbung. Der Nachweis auf Calcium gelingt durch Ausfällen von Calciumoxalat. Hier muß allerdings die Anwesenheit von Strontium und Barium durch eine vorherige Sulfatfällung ausgeschlossen werden. Calcium liefert eine gelbrote Färbung der Flamme.

Alle im Verlauf einer Analyse gefundenen positiven und negativen Reaktionen sollten ein widerspruchsfreies Bild ergeben.

2.6 Organische Synthesen

Aus der Vielzahl chemischer Reaktionen soll hier die Synthese eines Ethers exemplarisch vorgestellt werden. Die Ethersynthese zählt zu der größeren Gruppe der nukleophilen Substitutionen am gesättigten Kohlenstoffatom. Allgemein kann dieser Reaktionstyp so formuliert werden:

$$Y| \quad + \quad R\text{–}X \quad \rightarrow \quad Y\text{–}R \quad + \quad X| \qquad\qquad Gl.\,2.15$$

nukleophil   polarisiert   Produkt   Abgangsgruppe

Bei der Reaktion verdrängt das nukleophile Agens Y die Atomgruppe X mit deren bindendem Elektronenpaar. Im Falle einer Ethersynthese handelt es sich bei dem nukleophilen Agens um ein Alkoholat oder um ein Phenolat mit dem allgemeinen Aufbau $R'O|^-$. Der Substituent X, welcher im Laufe der Reaktion ersetzt wird, ist in der Regel eine elektronenanziehende Gruppe, welche die Bindung polarisiert. Es kann sich unter anderen handeln um –Cl, –Br, –J oder $-O\text{–}SO_2\text{–}OR$. Die Summenreaktion für die Ethersynthese schreibt sich dann wie folgt:

$$R'O|^- + \quad R\text{–}J \quad \rightarrow \quad R'O\text{–}R \quad + \quad J|^- \qquad\qquad Gl.\,2.16$$

Obwohl die nukleophile Reaktion recht übersichtlich aussieht, kann sie prinzipiell monomolekular (S_N1) oder bimolekular (S_N2) ablaufen (Tab. 2.3). Der Unterschied ist, daß im ersten Fall das polarisierte Molekül RX in Ionen dissoziiert (R^+ + X^-) und dann mit dem Nukleophil (Y) zum Produkt reagiert, im zweiten Fall dagegen der Angriff des Nukleophils (Y) vor dem Abgang der Gruppe X erfolgt und dabei ein Übergangszustand durchlaufen wird.

monomolekulare nukleophile Substitution (S_N1)	bimolekulare nukleophile Substitution (S_N2)
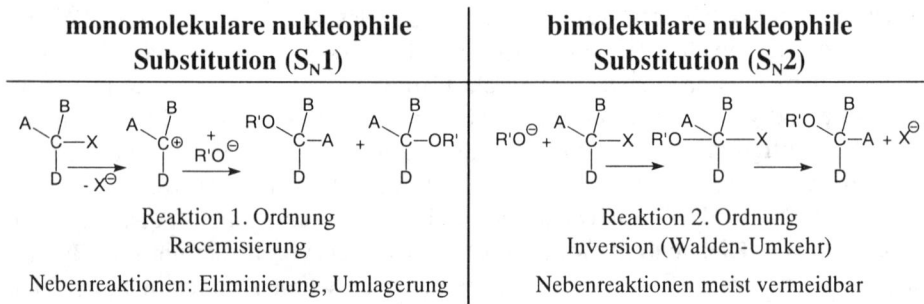	
Reaktion 1. Ordnung	Reaktion 2. Ordnung
Racemisierung	Inversion (Walden-Umkehr)
Nebenreaktionen: Eliminierung, Umlagerung	Nebenreaktionen meist vermeidbar

Tab. 2.3: Vergleich der beiden idealen Formen der nukleophilen Substitution. Da viele Einflußgrößen Bedeutung haben, treten praktisch immer Mischformen auf.

Lösungsmittel, Katalysatoren und die Substituenten aller Reaktionspartner haben Einfluß auf den Typ des Reaktionsmechanismus, nach dem die Substitution abläuft. Durch die Wahl der Reaktionsbedingungen läßt sich das Ausmaß der Nebenreaktionen verändern.

In der Laborpraxis synthetisiert man in Ansätzen von 0.2 Mol. Man verwendet also jeweils 0.2 Mol der Edukte, die in einem geeigneten Lösungsmittel zur Reaktion gebracht werden. Die Veretherung von Alkoholen gelingt nach der Williamson-Synthese.

Hierbei geht man von etwa einem Mol des zu verethernden wasserfreien Alkohols aus, der in einem Dreihalskolben mit Rückflußkühler und Rührer durch vorsichtigen Zusatz von 0.25 Mol Natrium teilweise zu Natrium-Alkoholat umgesetzt wird. Er stellt das Nukleophil (RO^-) dar und ist in dem überschüssigen Alkohol gelöst.

$$2 \times C_4H_9OH \; + \; 2 \times Na \; \rightarrow \; H_2 \; + \; 2 \times C_4H_9O\,Na \qquad Gl.\,2.17$$

2×74	$+ \; 2 \times 23$	$\rightarrow \; 2$	$+ \; 2 \times 96$	(ein Mol in g)
Butanol	+ Natrium	→ Wasserstoff	+ Na-Butanolat	

Dieser Lösung fügt man anschließend 0.2 Mol des Alkylierungsmittels (Alkyliodid, R–X) hinzu und erhitzt unter Feuchtigkeitsausschluß und Rühren 5 Stunden lang unter Rückfluß.

$$C_4H_9O\,Na \; + \; C_2H_5J \; \rightarrow \; C_4H_9{-}O{-}C_2H_5 \; + \; NaJ \qquad Gl.\,2.18$$

Nukleophil	+ Alkylans	→ Produkt	+ Beiprodukt	
$73 + 23$	+ 156	→ 102	+ 23 + 127	(ein Mol in g)
Na-Butanolat	+ Ethyliodid	→ Butylethylether	+ Natriumiodid	

Nach beendeter Reaktion wird der entstandene Ether abdestilliert, da er einen tieferen Siedepunkt aufweist als der als Lösungsmittel dienende Alkohol. Mit Siedepunkt und Brechungsindex charakterisiert man die Reinheit des Produkts. Dessen Menge dient zur Ermittlung der prozentualen Ausbeute, die für Ethersynthesen um 80% zu liegen pflegt.

Will man Phenole verethern, kann ebenfalls die Williamson-Synthese angewendet werden. Absolutes Ethanol, das mit 0.25 Mol Natrium teilweise zu Natrium-Ethylat umgesetzt wurde, dient als Lösungsmittel, in dem das Phenol aufgelöst wird. Da alle Phenole saurer reagieren als Alkohole, entsteht dabei unmittelbar das Phenolat, welches als Nukleophil (ArO^-) mit dem zugesetzten Alkylierungsmittel reagiert. Nach beendeter Reaktion kann im Gegensatz zu oben das Ethanol abdestilliert werden, da die Phenolether in der Regel hohe Siedepunkte aufweisen oder Feststoffe sind. Man gießt die übrig bleibende Mischung in überschüssige Natronlauge, um das nicht umgesetzte Phenol als Phenolat zu binden und isoliert das Produkt durch Ausschütteln mit Diethylether. Das nicht umgesetzte Phenol kann durch Ansäuern der wäßrigen Phase zurückgewonnen werden.

Unter Umgehung der aufwendigen Herstellung von Ethylat gelingt die Synthese von Phenolethern leicht in Aceton in Anwesenheit von Hydrogencarbonat, das basisch genug ist, das Phenol in sein Phenolat überzuführen.

2.7 Physiologische Chemie

Die physiologische Chemie oder auch Biochemie beschreibt Lebensvorgänge auf der Ebene der Moleküle. Im wesentlichen handelt es sich um das wohl organisierte Zusammenspiel von organischen Substanzen, die vier Gruppen angehören. Es handelt sich um Aminosäuren, aus denen Peptide und Proteine aufgebaut werden, um Kohlenhydrate (Zucker), um Lipide (Fettsäureester, Cholesterin u.a.) und schließlich um Nukleinsäuren. Die Molekularbiologie beschäftigt sich mit der inneren Struktur der Desoxyribonukleinsäure (DNA) und der Ribonukleinsäure (RNA) und der in Genen gespeicherten Information der Lebewesen. Von hier aus bestehen Verbindungen zur Genetik.

Wichtige Erkenntnisse der physiologischen Chemie finden auch in der klinischen Chemie Anwendung und können hier zur diagnostischen Aufklärung von krankhaften Zuständen dienen. So kann man durch chemische Nachweisreaktionen leicht feststellen, ob ein Patient an Diabetes (Zuckerkrankheit) leidet. Fehlt dem Körper das Hormon Insulin, welches in der Bauchspeicheldrüse gebildet wird, so können die Zellen nur noch begrenzt Glucose aus dem Blut aufnehmen. Als Folge steigt die Glucosekonzentration auf ein Vielfaches des Normalwerts von 5.5 mM (1 g/L) an. Da die Niere Glucose nur bis zu einer Schwellenkonzentration von 9 mM aus dem Ultrafiltrat zurückholen kann, scheidet ein Zuckerkranker Glucose im Harn aus. Gefürchtet sind die Spätschäden der Zuckerkrankheit an Gefäßen, Nieren und Augen (Katarakt), welche sich bei Nichtbehandlung einstellen.

Es ist medizinisch wichtig, sichere Nachweise für Glucose zu haben. Im Harn selbst gelingt, aufgrund der reduzierenden (= oxidierbaren) Eigenschaften der Glucose, die eine Aldehydfunktion trägt, mit der einfachen Fehlingschen Probe ein Nachweis. Hierzu verwendet man eine Kupfersulfat-Lösung, die mit Weinsäurelösung versetzt ist und mit Natronlauge alkalisch gemacht wurde. In Anwesenheit von Glucose (Traubenzucker) fällt rotes Kupfer(I)oxid aus. Leider ist dieser Nachweis störempfindlich durch verschiedene reduzierende Substanzen und läßt sich nur mit großen Konzentrationen durchführen.

Diese Nachteile haben die enzymatischen Bestimmungsmethoden der Biochemie nicht. Sie beruhen auf der Spezifität der eingesetzten Enzyme. Das Prinzip der Blutzuckerbestimmung basiert auf zwei hintereinander ablaufenden Enzymreaktionen (Abb. 2.5). In der ersten oxidiert das Enzym Glucose-Oxidase die Glucose mit Sauerstoff zum Gluconolacton, wobei Wasserstoffperoxid (H_2O_2) entsteht. In einer nachgeschalteten Reaktion läßt die Peroxidase durch Oxidation mit H_2O_2 einen grünen Farbstoff entstehen, dessen Konzentration im Photometer colorimetrisch gemessen werden kann. Sie dient zur Berechnung der Konzentration an Glucose im Blut.

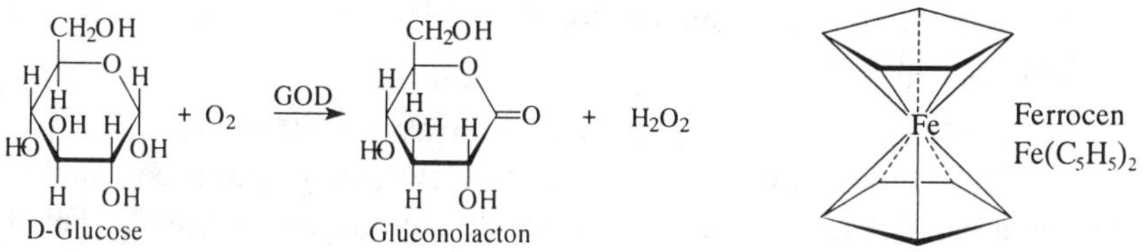

Abb. 2.5: Links: Oxidation von Glucose durch Glucose-Oxidase (GOD) zu Gluconolacton, welches mit Wasser zu Gluconsäure hydrolysiert. Wasserstoffperoxid dient entweder der colorimetrischen oder zusammen mit Ferrocen (rechts) der amperometrischen Quantifizierung der Glucose.

Dieses Verfahren hatte bei allem Fortschritt den Nachteil, daß eine Laborausrüstung mit Photometer benötigt wird und der Patient die Untersuchung nicht selbst durchführen kann. Deshalb wurden relativ früh kleine Photometer entwickelt (Reflotron), in denen die auf einem Teststreifen mit einem Tropfen Kapillarblut nach demselben Prinzip ablaufende Reaktion nach drei Minuten gemessen werden konnte. Genauigkeit und Anfälligkeit der optisch arbeitenden Geräte ließen Wünsche offen. Deshalb wurde das nicht-optische Verfahren der Bioamperometrie eingesetzt. Grundlage bildet wieder die bekannte Reaktion (Abb. 2.5). Der Teststreifen enthält neben der Glucose-Oxidase auch Ferrocen, welches die bei der Reaktion verschobenen Elektronen an eine Elektrode leitet, mit deren Hilfe sie gemessen werden. Die Messung ist mit einem Tropfen Kapillarblut nach ca. 20 sec beendet.

2.8 Pharmazeutische Biologie

Ihre Wurzeln hat die Pharmazeutische Biologie in der Botanik, der Systematik, der Pharmakognosie und der Chemie der Naturstoffe (Phytochemie). Sie konzentriert sich auf die Beschreibung, Charakterisierung und Kultivierung der wegen ihrer Inhaltsstoffe pharmazeutisch bedeutungsvollen Pflanzen.

Pflanzen lassen sich aufgrund ihrer allgemeinen Baupläne, die vor allem im Blütenbau, in der Fruchtbildung und in der Blattanordnung ersichtlich werden, nach Verwandtschaft zu Familien ordnen (Taxonomie). Dieser Zweig der Botanik hat durch den schwedischen Systematiker C.v.Linné (1707-1778), auf den die wissenschaftliche Benennung der Pflanzen (Nomenklatur) zurückgeht, große Fortschritte erfahren. In der neueren Zeit konnten viele der aufgrund morphologischer Merkmale etablierten Verwandschaftsbeziehungen zwischen den Pflanzenfamilien auch durch chemische Merkmale bestätigt werden. Die Pharmakognosie nutzt morphologische Merkmale wie z.B. Haare, Drüsenhaare, Spaltöffnungen und Kristalleinschlüsse, um pflanzliche Drogen makroskopisch und mikroskopisch auf Identität zu prüfen und die Reinheit oder eine unzulässige Beimischung (Verschnitt) festzustellen.

Pflanzen interessieren wegen einer Reihe von Naturstoffen, darunter Alkaloide, Farbstoffe, Geschmacksstoffe. Oft ist deren Gewinnung durch Sammeln wenig effektiv und kann eventuell die Art gefährlich dezimieren. In solchen Fällen kann man aus Meristemzellen einer Pflanze Zellkulturen anlegen und diese durch Zusatz von Pflanzenhormonen (Auxine, Cytokinine) zur Anzucht neuer Pflanzen nutzen, wie das bei Erdbeerpflanzen und in Japan für Ginseng praktiziert wird.

Die von Haberlandt um 1900 erstmals angewandte Methode der pflanzlichen Zellkultur ist häufig für die Erforschung der Biosynthesewege von sekundären Pflanzeninhaltsstoffen nützlich. Für die technische Produktion von Naturstoffen sind diese Verfahren gegenwärtig noch nicht geeignet. Allerdings dienen in Japan kultivierte Pflanzenzellen von *Lithospermum erythrorhizon* der Herstellung des Farbstoffes und Antiseptikums Shikonin (Alkannin), einem altchinesischen Arzneimittel. In pflanzlichen Zellkulturen können auch solche Stoffe in größerer Menge entstehen, die man in den Pflanzen selbst nicht oder nur spärlich findet. Dies hängt meist mit einer Deregulation der in der Regel über viele derzeit noch unbekannte enzymatische Schritte ablaufenden Biosynthese zusammen.

Als Beispiel für eine Biosynthese sei diejenige der Cumarine vorgestellt, deren Vorkommen für die Familie der *Rutaceae* mit der wichtigsten Gattung *Citrus* typisch ist. Die Biosynthese (Abb. 2.6) startet mit der Aminosäure Phenylalanin, die zu Zimtsäure desaminiert wird. Eine Hydroxylierung liefert die p-Cumarsäure, die ein zweites mal hydroxyliert wird und in 2,4-Dihydroxy-*trans*-zimtsäure übergeht. Beide phenolischen Gruppen werden nun glucosidiert und die trans-Konformation wird in eine cis-Konformation umgewandelt. Die Abspaltung der *ortho*-ständigen Glucose führt aufgrund eines spontanen Ringschlusses zum Umbelliferonglucosid, welches zu Umbelliferon (7-Hydroxycumarin) gespalten wird.

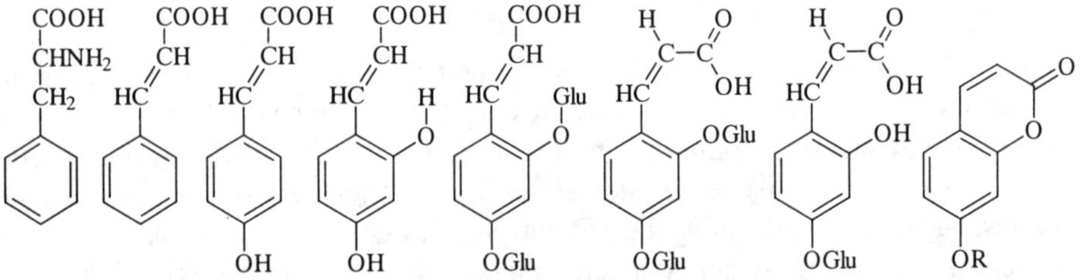

Abb. 2.6: Biosynthese des 7-Hydroxycumarins. Verbindungen von links nach rechts: Phenylalanin, Zimtsäure, p-Cumarsäure, 2,4-Dihydroxy-*trans*-zimtsäure, 2,4-Dihydroxy-*trans*-zimtsäure-2,4-diglucosid, 2,4-Dihydroxy-*cis*-zimtsäure-2,4-diglucosid, 2,4-Dihydroxy-*cis*-zimtsäure-4-glucosid, Umbelliferonglucosid (R = Glucose), bzw. Umbelliferon (R = H).

3   Der Arzneistoff

Lange Zeit nutzten die Menschen zur Heilung und Linderung von Krankheiten pflanzliche, tierische und mineralische Materialien und deren Zubereitungen, ohne die substantielle Natur zu kennen, welche die Wirkung auslöst. Meist war man der Überzeugung, daß für eine Heilung den Mitteln innewohnende geistige Kräfte oder Prinzipien wichtig sind. Die Behandlungen erfolgten aufgrund tradierter Kenntnisse, die der Empirie entstammten.

3.1 Isolierung von Naturstoffen

Gegen Ende des 18. Jhdt. setzte sich die Idee durch, man müßte aus dem pflanzlichen und tierischen Material das jeweilige wirksame Agenz in reiner Form erhalten und damit auch eine Verstärkung erzielen können. Dem Apotheker Friedrich Wilhelm Sertürner (1783-1841) gelang zwischen 1803 und 1805 in Paderborn die Isolierung des Morphins aus Opium. Die besondere Bedeutung dieser Isolierung bestand darin zu erkennen, daß man nicht wie bisher nach sauren sondern nach basischen Pflanzenstoffen zu suchen hatte. Erst durch Versuche mit isoliertem Morphin konnte er dessen schlafmachendes Prinzip nachweisen, die im Opium nicht zu entdecken ist.

Die Isolierung weiterer basischer Stoffe wie Emetin, Strychnin, Chinin, Colchicin und anderer ließ nicht lange auf sich warten. 1819 wurde für diese Naturstoffgruppe von W. Meissner aus Halle der Begriff 'Alkaloid' (alkali-ähnlich) geprägt. Die ersten isolierten pflanzlichen Wirkstoffe, die in die Therapie Einzug hielten, gehörten zur Klasse der Alkaloide. Sie waren aufgrund ihrer chemischen Eigenschaften damals leicht zu isolieren und ziemlich rein zu gewinnen. Noch nicht bekannt waren die Strukturen der Verbindungen. In der zweiten Hälfte des 19. Jhdt. bestimmte man die Summenformeln, nach und nach wurden die Konstitutionen aufgeklärt, und schließlich folgten die Synthesen. Coniin wurde als erstes Alkaloid bereits 1886 durch Ladenburg im Labor synthetisiert, Morphin dagegen erst 1952. Obwohl es heute gelingt, die allermeisten Naturstoffe zu synthetisieren, ist deren Isolierung meist wesentlich rentabler.

Als praktisches Beispiel sei die Gewinnung von Chinin skizziert. Es läßt sich aus pulverisierter Chinarinde (*Cortex Chinae*) ziemlich leicht isolieren. Hierzu wird das Material mit Calciumhydroxid und Wasser durchmischt und zur Trockne eingedampft. Das völlig trockene Pulver extrahiert man unter Rückfluß mit

Chloroform, in welches das Chinin als Base übergeht. Es kann so von der Matrix
abgetrennt werden. Die Chloroformphase wird anschließend mit verdünnter
Schwefelsäure ausgeschüttelt (extrahiert). Hierbei wandert das Chinin in die saure
wäßrige Phase, in der es besser löslich ist. Nach Kochen mit Aktivkohle zur
Adsorption von Farbstoffen, Filtrierung und Einstellung des pH-Wertes von 5 fällt
Chininsulfat kristallin aus.

3.2 Erste synthetische Arzneistoffe

Schon unmittelbar nach der Isolierung von Naturstoffen regte sich der Wunsch,
die Fortschritte der organischen Chemie zu deren Synthese zu nutzen - ein aus
heutiger Sicht eher hoffnungsloses Unterfangen, da die Strukturen nicht bekannt
waren. Trotzdem war die Zeit des ausgehenden 19. Jhdt. durch eine Reihe von
bedeutenden Zufallsentdeckungen charakterisiert, von denen einige im Arzneischatz bis heute überlebt haben. Hierzu zählt das 1885 von L. Knorr in Erlangen
erschaffene Antipyrin®(Abb. 3.1), das Ergebnis seiner Bemühungen, fieber-
senkendes Chinin darzustellen, welches, aufgrund der unsicheren und durch die
Kontinentalsperre zum Erliegen gekommenen Handelswege für Chinarinde
schlecht zu erhalten und teuer war. Die Synthese des komplizierten Chinins
gelang übrigens erst 1945.

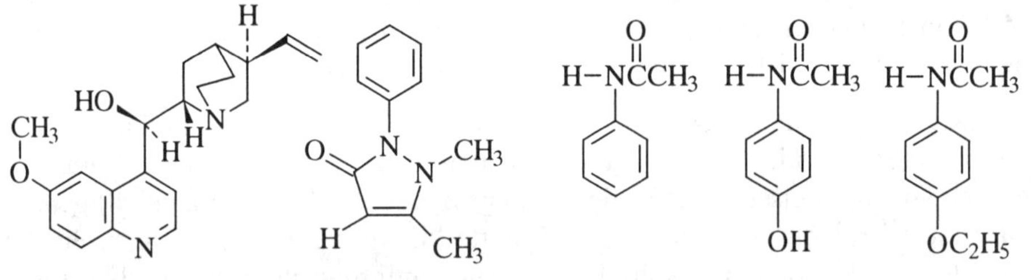

Chinin   Antipyrin (Phenazon)   Acetanilid   Paracetamol   Phenacetin

Abb. 3.1: Der Naturstoff Chinin und das synthetische, vermeintlich mit ihm strukturverwandte
Zufallsprodukt Antipyrin. Die Acetylierung von Anilin liefert Acetanilid. Paracetamol wurde aus
p-Nitrophenol gewonnen, später durch Phenacetin ersetzt, das heute zugunsten des Paracetamols
wieder verlassen wurde.

Eine zufällige Entdeckung der fiebersenkenden Wirkung des Acetanilid führte
1886 zu dessen Einführung in die Therapie (Antifebrin®). Seine Toxizität war
nicht unbeachtlich, da es zu Anilin desacetyliert wird. Einen geschickten Ausweg
bot die Verwendung des Phenacetins (1887) und des Paracetamols (1893), zwei
Moleküle, an denen die im Körper ablaufende metabolische Hydroxylierung
bereits vorweggenommen ist. Dies bedingt deren geringere Toxizität bei gleich-

zeitig höherer analgetischer Wirksamkeit. Als Ausgangsstoff für die Synthese diente das bei der Herstellung von Anilinfarben damals in großen Mengen anfallende Abfallprodukt p-Nitrophenol, das man zum p-Aminophenol reduzierte und so einer Verwertung zuführen konnte.

3.3 Suche nach Wirkstrukturen

Um neue Wirkstrukturen zu erkennen, stehen zwei Wege offen. Zum einen liefert die Strukturaufklärung von Wirkstoffen pflanzlichen Ursprungs neue Einsichten. Da dieser Weg ziemlich schwierig und eng an die Fortschritte der Analytik gekoppelt ist, führte er in der Anfangszeit der Arzneistoffentwicklung nur langsam voran. Schneller kam man in dieser Zeit zu manchen Zufallsentdeckungen, die den chemischen Synthesemöglichkeiten und der Findigkeit der Chemiker zu ver-danken waren. Auf beiden Wegen ergaben sich Informationen über den Bau von körperfremden Wirksubstanzen, sogenannten *Xenobiotika*. Mit der Zeit entstand eine Sammlung interessanter Leitmoleküle.

Alkaloide, Glykoside und viele andere in der pflanzlichen Natur vorkommende Stoffklassen, die man zusammen als 'sekundäre Pflanzeninhaltsstoffe' bezeichnet, liefern Baupläne für *native* Xenobiotika. Die Entdeckung neuer Strukturen ist heute noch keineswegs abgeschlossen. Darum verwundert es nicht, daß die Suche in Medikamenten der traditionellen chinesischen und indischen Naturmedizin (Ayurveda) intensiv betrieben wird. Während für viele traditionelle Heilmittel wie Reiskeimling, Schilf, Ingwer, Ginseng, Lilie, chin. Lauch oder Zypergras eine Aufklärung des wirksamen Prinzips noch aussteht, sind in jüngerer Zeit auch neue Wirkstrukturen gefunden worden. Hierzu gehören jene des Malariamittels Artemi-sinin (Qinghaosu) und des Leberschutzstoffs Clausenamid.

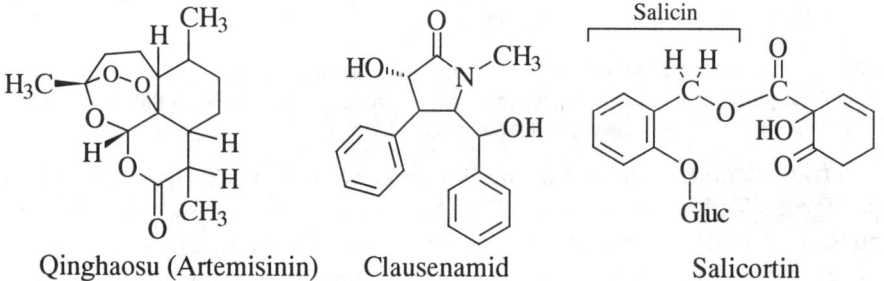

Qinghaosu (Artemisinin)   Clausenamid   Salicortin

Abb. 3.2: Native Xenobiotika mit pharmakologischer Wirkung. Qinhaosu (*Artemisia annua* L. = Qinghao), Clausenamid (*Clausena lansium* (lour) Skeels) und Salicortin (*Salix alba* L.), ein Glucosid, das sich entweder in Salicylsalicin umwandelt oder in Salicin zerfällt. Gluc = Glucose.

Auch die Entdeckung der Salicylate nahm ihren Ausgang von einem Naturstoff, welcher in Weidenrinde als Salicortin enthalten ist. Das hieraus entstehende bittere Glucosid Salicin wurde von Alters her wegen seiner antipyretischen Wirkung geschätzt. Bereits 1838 wurde aus Salicin durch hydrolytische Spaltung der Alkohol Saligenin gewonnen, der leicht zur Salicylsäure (*Spir*säure) umgewandelt wird. Deren Synthese gelang ausgehend von Phenol dem Marburger Chemiker H. Kolbe im Jahre 1860. Natrium-Salicylat wurde seit 1875 gegen rheumatisches Fieber therapeutisch genutzt, 1899 folgte ihm die wesentlich besser verträgliche Acetylsalicylsäure (2-Acetoxybenzoesäure, A*spirin*®), von der heute weltweit über 40 000 Tonnen pro Jahr hergestellt werden.

Ist andererseits die wirksame Struktur aus Zufall oder durch die Phantasie eines Wissenschaftlers entstanden, spricht man von *anthropogenen* Wirkstoffen. Es handelt sich dann um (voll)synthetische Wirkstoffe, zu denen beispielsweise die Psychopharmaka der Benzodiazepine, Phenothiazine oder Butyrophenone gehören. Das allgemeine oder systematische Absuchen von Substanzgruppen nach wirksamen Molekülen bezeichnet man als *Screening*. Anthropogene Substanzen haben, soweit man heute weiß, keine Vorbilder in der Natur. Abgesehen davon sind einige einfache Benzodiazepine in geringen Mengen auch in tierischen und pflanzlichen Organismen meßbar (pg/g Naßgewicht). Nachweislich handelt es sich hierbei nicht um künstlich eingeschleppte Substanzen.

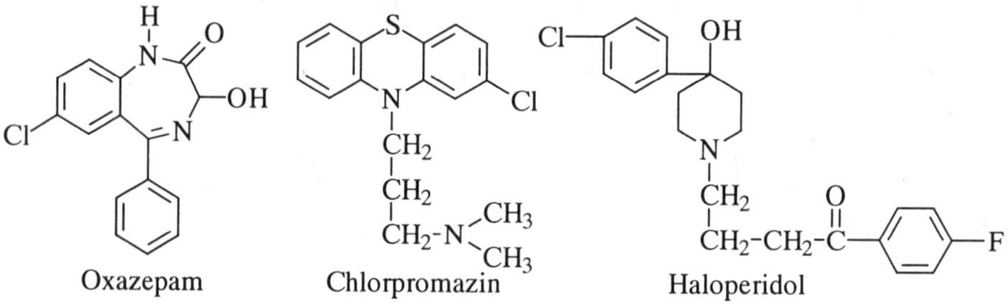

Abb. 3.3: Anthropogene Xenobiotika als Beispiele für Benzodiazepine (Oxazepam), Phenothiazine (Chlorpromazin) und Butyrophenone (Haloperidol). Alle abgebildeten Substanzen haben eine Wirkung im Zentral-Nervensystem (Psychopharmaka).

Eine letzte wichtige Quelle für die Entdeckung von Wirksubstanzen stellen körpereigene Verbindungen dar. Die Strukturaufklärung von Transmittern, Hormonen, Peptiden, Antikörpern und Gewebshormonen liefert Vorlagen, die entweder nachgebaut, oder leichteren strukturellen Abwandlungen unterzogen werden können. Hierdurch läßt sich an körpereigenen Verbindungen häufig das wesentliche, für die Wirkung verantwortliche Strukturelement erkennen. Untersuchungen mit variierten Molekülen bilden die Grundlage für die Ausarbeitung von *Struktur-Wirkungs-Beziehungen*.

Große Aufmerksamkeit sollte heute körpereigenen Peptidmolekülen als Leitstrukturen geschenkt werden. Deren Wirkung kann durch säurestabile und deshalb oral applizierbare Nachbildungen imitiert werden, weswegen sie Peptidomimetika genannt werden. Therapeutisch interessant ist, in die Bildung körpereigener Peptide einzugreifen.

Auf die ursprüngliche Entdeckung der Struktur folgt, oft in jahrelanger Feinarbeit, die Optimierung eines Wirkstoffs hinsichtlich seiner chemischen und pharmakologischen Eigenschaften. Dies kann am Beispiel von Zytostatika aus der Taxan-Reihe gezeigt werden. Deren Struktur wurde 1971 aufgeklärt. Einer allgemeinen Markteinführung des Paclitaxel (Taxol®) stand im Wege, daß das Material nur in der Rinde der pazifischen Eibe (*Taxus brevifolia*) in äußerst geringer Konzentration vorlag und man um den Fortbestand der Art fürchten mußte. Seit 1988 steht für das native Paclitaxel eine Partialsynthese zur Verfügung, die vom 10-Deacetylbaccatin III beginnt, einer pflanzlichen Vorstufe der weiter verbreiteten Art Taxus baccata (Abb. 3.4). Vorteilig ist, daß die Vorstufe aus Nadeln der Eibe gewonnen werden kann und keine Bäume zu fällen sind. Eine andere Partialsynthese liefert das anthropogene Taxan Docetaxel (Taxotere®) mit optimierten Eigenschaften.

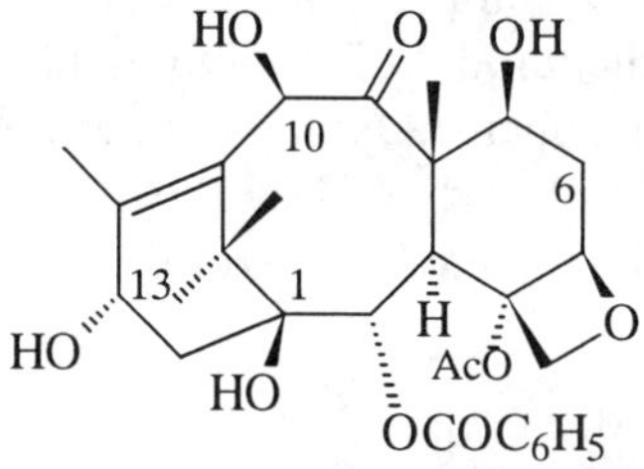

10-Deacetylbaccatin III

Abb. 3.4: 10-Deacetylbaccatin III bzw. Baccatin III als biogenetische Präkursoren zur Partialsynthese von nativen Taxolen und sog. 'Designer-Taxolen'. Die meist stickstoffhaltigen Seitenketten an C-13 sind für die biologische Wirkung wesentlich. Diese beruht auf der Stabilisierung unorganisierter Mikrotubuli, was die Ausbildung der normalen mitotischen Spindel verhindert.

Zur Suche pharmakologisch wirksamer Verbindungen werden neuerdings die riesigen Bestände der in der Vergangenheit in industriellen chemischen Entwicklungslaboratorien synthetisierten Substanzen mehrfach genutzt. Vielfach sind diese Substanzen nur partiell mit älteren Techniken und nach heutigen Gesichtspunkten nicht umfassend genug untersucht, so daß sie ein ungenutztes Reservoir darstellen. Bis zu 1000 Substanzen pro Tag werden im Hinblick auf ihre Interaktionen systematisch im sog. Hochdurchsatz-Screening (High Throughput Screening, HTS) mit Hilfe von Enzymen und Rezeptoren (Rezeptor-Screening) auf interessante Wirkstrukturen hin überprüft. Letztere stellen neue Leitstrukturen dar, die sich weiter optimieren lassen. An dieser Stelle soll auch die Methode der 'Kombinatorischen Synthese' mit linearen Strukturen erwähnt werden, die aus einer überschaubaren Anzahl von Bauelementen zu einer enormen Vielfalt von neuen Strukturen führt.

3.4 Arzneistoff-Synthese

Die Arzneistoffsynthese stellt ein Spezialgebiet der Organischen Chemie dar, das als Pharmazeutische Chemie bezeichnet wird. Zu diesem Gebiet zählt auch die entsprechende Analytik, welche hilft, die Reinheit und die Identität der synthetisierten Verbindungen zu garantieren. Die Pharmazeutische Chemie muß bei ihrer Arbeit gleichermaßen auf die chemische Eigenschaft der Verbindung oder des abgewandelten Naturstoffs und deren pharmakologische Wirkung achten. Die biologische Wirkung ist sozusagen als ein Steuerelement für die Synthese aufzufassen, eine Tatsache, die sich auch in der intensiven Zusammenarbeit zwischen chemischem Entwicklungslabor und pharmakologischer Forschung ausdrückt.

Als Beispiel für eine typische Arzneistoffsynthese soll hier die fünfstufige Synthese des Chlordiazepoxid, einem Psychopharmakon dienen, welches das erste Molekül der Reihe der Benzodiazepine war (vgl. Abb. 3.3). Es wurde in den 50er Jahren des 20. Jhdt. von Leo H. Sternbach bei F. Hoffmann-La Roche (Nutley, N. J.) entwickelt und 1960 als Librium® auf den Markt gebracht.

Die Synthese des Chlordiazepoxid (7) (Abb. 3.5) geht von p-Chloranilin (1) aus, das mit Benzoylchlorid (2) acyliert wird. Das Zwischenprodukt 2-Amino-5-chlor-benzophenon (3) reagiert mit Hydroxylamin zu einem Oxim (4). Dessen Aminogruppe wird anschließend mit Chloracetylchlorid acyliert. Das Produkt (5) zyklisiert mit Salzsäure zu 6-Chlor-2-(chlormethyl)-4-phenyl-chinazolin-3-oxid

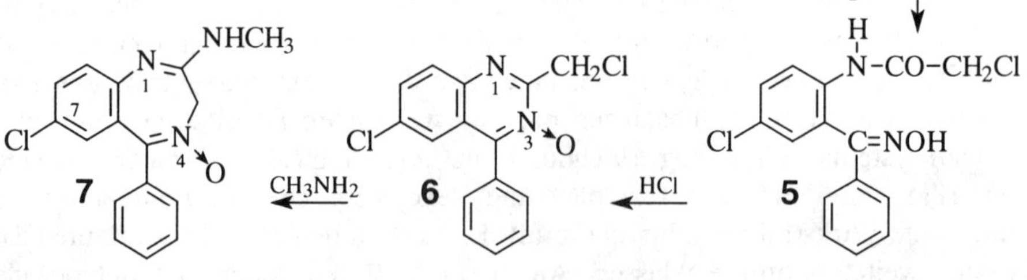

Abb. 3.5: Synthese des ersten Benzodiazepins Ro 5-0690, Chlordiazepoxid, CDZ, Librium®(7). Man beachte die unerwartete Ringerweiterung von 6 durch die Reaktion mit Methylamin zu 7. Zur Analytik siehe Abschnitt 3.7, zur Nomenklatur und deren Grundregeln siehe Abschnitt 3.8.

(6). Durch die Reaktion mit Methylamin sollte diese Verbindung einen basischen Substituenten erhalten. Erst einige Zeit nach Abschluß der pharmakologischen Untersuchungen der stark psychomotorisch dämpfenden Substanz wurde deren tatsächliche Konstitution aufgeklärt. Bei der Reaktion war nämlich unter Ringerweiterung aus dem 6-gliedrigen Pyrimidinring ein 7-gliedriger Diazepinring entstanden. Bis heute sind mehr als 2000 Benzodiazepine untersucht worden, von denen 7-Chlor-2-methylamino-5-phenyl-3H-1,4-benzodiazepin-4-oxid das erste war.

3.5 Rekombinante Arzneistoffe

Während bisher kleinmolekulare Arzneistoffe besprochen wurden, dreht es sich im folgenden um große Arzneistoff-Moleküle aus der Gruppe der Proteine. Aufgrund ihrer Komplexität ist man mit einfachen chemischen Methoden nicht in der Lage, solche Moleküle in den erforderlichen Mengen und einem vertretbaren wirtschaftlichen Rahmen zu synthetisieren. Deshalb war man bei der Substitutionstherapie von Mangelerkrankungen, wie der Zuckerkrankheit, des Minderwuchses oder der Bluterkrankheit, immer auf eine Gewinnung der fehlenden Proteine, meist als Hormone oder Faktoren bezeichnet, aus tierischen und menschlichen Quellen angewiesen.

Heute lassen sich solche Proteine, deren Bauplan bekannt ist, mit Hilfe von gentechnischen Verfahren wesentlich eleganter und vorteilhafter gewinnen. Erforderlich sind hierzu entsprechend veränderte Mikroorganismen, in welche die Information zur Bildung der Proteine in Form der sie kodierenden Desoxyribonukleinsäure (DNA) eingeschleust wird. Nach diesem Gentransfer rekombiniert sie mit der in der Wirtszelle vorhandenen DNA und bildet die Grundlage für die Biosynthese des Proteins.

Die Gewinnung von Proteinen als Arzneistoffe aus tierischem Gewebe wird am Beispiel des Hormons Insulin gezeigt. In Straßburg entdeckten J. Mehring und O. Minkowski 1889 am Hund, daß die Entfernung der Bauchspeicheldrüse zu einem schweren Diabetes mellitus führte. Eher zufällig beobachtete der Tierpfleger, daß das Tier anomal hohe Mengen an Harn ausschied, die sich als stark zuckerhaltig erwiesen. Eine Unterbindung der Ausführungsgänge der Bauchspeicheldrüse hatte diesen Effekt nicht. Dies war ein Hinweis auf die innere Sekretion einer Substanz aus der Bauchspeicheldrüse. Der Stoff wird in den B-Zellen der Langerhansschen Inseln gebildet und in das Blut abgegeben (Inkretion). Im Jahre 1921 gelang F.G.Banting und C.H.Best in Toronto eine Isolierung des später Insulin genannten Stoffes und der eindeutige Nachweis, daß dieser Extrakt des Pankreas die blutzuckersenkende Wirkung ausübt.

Das Verfahren der Extraktion wurde 1922 patentiert und danach an einer zunehmenden Zahl von industriellen Laboratorien unter der Aufsicht eines Insulin-Komitees in immer größerem Maßstab hergestellt. Insulin wurde aus den Pankreasdrüsen von Rindern und Schweinen gewonnen. Eine große organisatorische Leistung war es, das Gewebe in den Schlachthäusern sofort zu entnehmen, zu kühlen und zur Verarbeitung in die Firmen zu transportieren. Allein bei Hoechst Marion Roussel wurden in der letzten Jahren, in denen man nach diesem Verfahren arbeitete, täglich über 10 Tonnen an Bauchspeicheldrüsen verarbeitet.

Verschiedene Nachteile der Gewinnung von Insulin aus Schlachttieren traten im Laufe der Zeit zutage. Die Konzentrate und Extrakte waren nicht völlig rein, obwohl sie etwa 20 Stufen der Reinigung durchlaufen hatten. Auch in kristallisiertem Insulin sind mit analytischen Verfahren eine Reihe insulinverwandter Peptide nachweisbar und das Hormon war zum Teil mit Peptiden aus dem exokrinen Pankreas kontaminiert. Diese Tatsache führte zum Auftreten von Insulinallergien und Insulinresistenz. Um diese Verunreinigungen abzutrennen, wurden die Insulinpräparate später chromatographisch gereinigt, was zu einem deutlichen Rückgang der Insulinallergien führte. Doch das Ziel war authentische Insuline zu entwickeln.

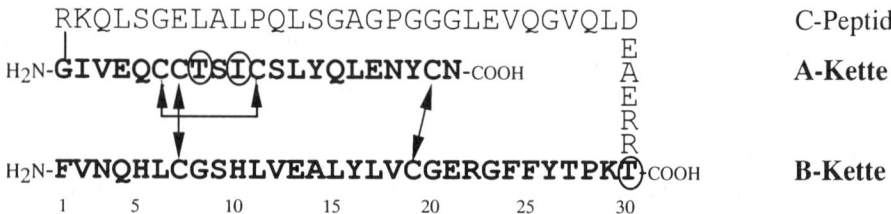

Abb. 3.6: Aminosäuresequenz des humanen Proinsulins im 'one-letter-code'. Fett die A- und B-Kette des Insulins, welche durch Disulfidbrücken (Doppelpfeile), zum Teil intramolekular, verbunden sind. Mager das C-Peptid. Nicht abgebildet ist das Signalpeptid von 24 Aminosäuren, welches vor der B-Kette anschließt. Eingekreist die im Rinder- (A8, A10, B30) und Schweine-Insulin (B30) ausgetauschten Aminosäuren. Die Zählung gilt nur für das Insulin (A- und B-Kette).

Das menschliche Insulin (Abb. 3.6) unterscheidet sich von dem des Rindes in drei Aminosäuren, was dessen mäßige immunogene Eigenschaft bedingt. Dagegen ist beim Insulin des Schweines nur eine Aminosäure verschieden. Deshalb gab es die Ziele, durch geeignete Kettenkürzung oder durch Umwandlung von Schweineinsulin in Humaninsulin, die Immunogenität weiter zu reduzieren. Die Kettenkürzung B23-30 mit anschließendem Ersatz mit einem künstlichen menschlichen Peptid ist zwar möglich, aber nicht wirtschaftlich. Effektiver gelingt durch eine Transpeptidierung der Austausch der einzigen, endständigen (B30), nicht identischen Aminosäure Alanin des Schweine-Insulins durch einen Ester des Threonins. Hierbei nutzte man die Eigenschaft von proteinspaltenden Enzymen, die in Anwesenheit von organischen Lösungsmitteln auch Proteinbindungen knüpfen können.

Insulin kann als nicht-modifiziertes Protein in einer apathogenen Variante des Bakteriums *E. coli* gentechnisch hergestellt werden. Das humane Gen, welches Präpro-Insulin kodiert, wird zunächst mit Hilfe zweier Restriktionsenzyme aus der DNA der Säugerzelle herausgeschnitten und stellt ein Fragment dar. Das Plasmid von *E. coli*, welches einen DNA-Ring bildet, schneidet man mit denselben Restriktionsenzymen, wobei er sich öffnet. Das Präpro-Insulin-kodierende DNA-Fragment und das geöffnete Plasmid sind deshalb in der Lage, sich aufgrund der identischen Sequenzen ungepaarter Nukleotide an ihren Enden wieder zu einem geschlossenen größeren Ring zu kombinieren. Dieses modifizierte Plasmid enthält die Information für das Präpro-Insulin.

Nach Einschleusung des hergestellten Plasmids in *E. coli*-Bakterien werden aktive Klone selektiert, in geschlossenen Fermentationsanlagen vermehrt und danach zur Synthese des Präpro-Insulins angeregt. Nach einer bestimmten Zeit werden sie abgetötet und mechanisch aufgeschlossen. Aus dem Präpro-Insulin muß in vitro durch enzymatische Einwirkung das 'rekombinante Insulin' gebildet werden. Das authentische Human-Insulin wird anschließend in mehreren Schritten gereinigt.

Neben Insulin, dem ersten rekombinanten Arzneistoff, gibt es eine Reihe weiterer, wie die kleine Auswahl in Tab. 3.1 zeigt. Nicht nur körpereigene Proteine, die einer Substitutionstherapie dienen, werden produziert, sondern auch solche aus anderen Lebewesen wie das vom Blutegel gebildete Hirudin, welches zur Herabsetzung der Blutgerinnung therapeutisch eingesetzt wird.

Arzneistoff	AS	Handelsname (Beispiel)	Mikro-Organismus	Indikation
Human-Insulin	51	Insuman®	*E. coli* K12	Diabetes mellitus
(1982)		Insulin Actrapid®	*S. cerevisiae*	
Follikel-stimulieren-	203	Gonal-F®	CHO-Zellen	Fertilitätsstörungen
des Hormon (1996)		(rFSH)		(in vitro Fertilisation)
Somatropin (1985)	191	Genotropin®	*E. coli* K12	Minderwuchs
Erythropoietin(1988)	165	Recormon®	CHO-Zellen	Bildung von Erythrozyten
Faktor VIII (1993)	2332	Kogenate®	BHK-Zellen	Hämophilie A
Interferon (1985)	166	Avonex®	CHO-Zellen	Multiple Sklerose
Hirudin (1998)	65	Refludan®	*S. cerevisiae*	Thrombininhibition

Tab. 3.1: Rekombinante Arzneistoffe mit Jahr der Zulassung. Abkürzungen: AS: Aminosäurereste, CHO-Zellen: Chinese Hamster Ovary Cells, BHK-Zellen: Baby Hamster Kidney Cells, *E. coli* K12: apathogene Variante von *Escherichia coli*, *S. cerevisiae*: Variante von *Saccharomyces cerevisiae* (Bäckerhefe).

3.6   Stereochemie

Unter den Elementen des Periodensystems weist Kohlenstoff mehrere Besonderheiten auf. In seiner Mittelstellung besitzt er zu elektronegativen und elektropositiven Elementen eine gleich große Affinität, was sich in der Stabilität seiner Verbindungen mit Sauerstoff und Wasserstoff alleine und sämtlicher Mischformen ausdrückt. Auch seine Fähigkeit stabile Mehrfachbindungen auszubilden und seine Neigung zur Kettenbildung sind einzigartig und ermöglichen die Entstehung komplexer organischer Moleküle.

Die Stellung im Periodensystem läßt erkennen, daß der Kohlenstoff sechs Elektronen besitzt, zwei davon im $1s$-Orbital, zwei im $2s$-Orbital und zwei ungepaarte in den $2p$-Orbitalen. Man schreibt für diese Elektronenkonfiguration im Grundzustand: $1s^2\,2s^2\,2p^2$. Bei chemischen Reaktionen wird ein angeregter Zustand gebildet mit der Konfiguration $1s^2\,2s^1\,2p^3$. Alle Elektronen des Orbitals 2 sind ungepaart. Aus geometrisch unterschiedlichen s- und p-Orbitalen entstehen durch Hybridisierung vier gleichwertige sp^3-Hybrid-Orbitale, welche vom Zentrum eines Tetraeders in Richtung seiner Ecken zeigen (Abb. 3.7). Diese Vorstellung erklärt, warum die Bindungen im Methan (CH_4) alle gleich sind.

Die räumliche Anordnung ist auch der Schlüssel zum Verständnis für das Auftreten spiegelbildlicher Formen (Enantiomere) bei organischen Molekülen. Enantiomere kommen immer vor, wenn ein Kohlenstoff vier verschiedene Substituenten trägt, da diese in zwei Orientierungen angeordnet sein können. Die Verbindung enthält dann einen asymmetrischen Kohlenstoff oder ein chirales Zentrum. Treten beide Enantiomere im Verhältnis 1:1 nebeneinander auf, spricht man von einem Racemat.

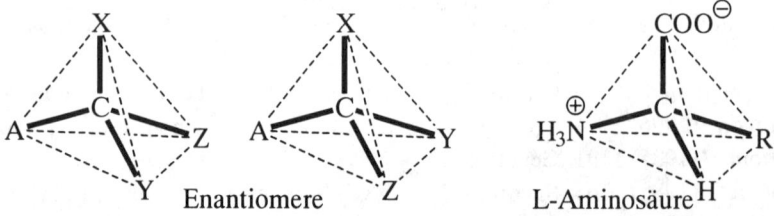

Abb. 3.7: Tetraedermodell eines vier Reste (A, X, Y, Z) tragenden und deshalb chiralen Kohlenstoffatoms. Durch die unterschiedliche Anordnung (Y, Z) entsteht ein Enantiomerenpaar. Rechts Übertragung auf eine L-Aminosäure. Das C2-Atom befindet sich im Mittelpunkt des Tetraeders.

Aminosäuren als Verbindungen biologischen Ursprungs sind bis auf Glycin chirale Verbindungen. Sie kommen nur in ihrer L-Konfiguration vor. Das Asymmetriezentrum befindet sich am C2-Atom (Abb. 3.7), an dem eine Carboxylatgruppe, eine Ammoniumgruppe, ein Wasserstoffatom und ein für jede Amino-säure charakteristischer Rest hängen. Die Entfernung einer funktionellen Gruppe durch Decarboxylierung oder oxidative Desaminierung läßt die Chiralität verschwinden. Andererseits wird durch die enzymatische Reduktion von 2-Keto-carbonsäuren zum Alkohol wieder ein asymmetrisches Zentrum geschaffen, wobei jedoch nur ein Enantiomer und kein Racemat entsteht. Gleiches gilt für die Hydroxylierung an einem Kohlenstoff, welcher bereits drei unterschiedliche Reste trägt (Abb. 3.8). Für enzymatisch katalysierte Reaktionen ist die Stereospezifität typisch. Es ist gleichzeitig die Erklärung dafür, daß Naturstoffe, trotz vieler Asymmetriezentren, nur in einer enantiomeren Form vorkommen.

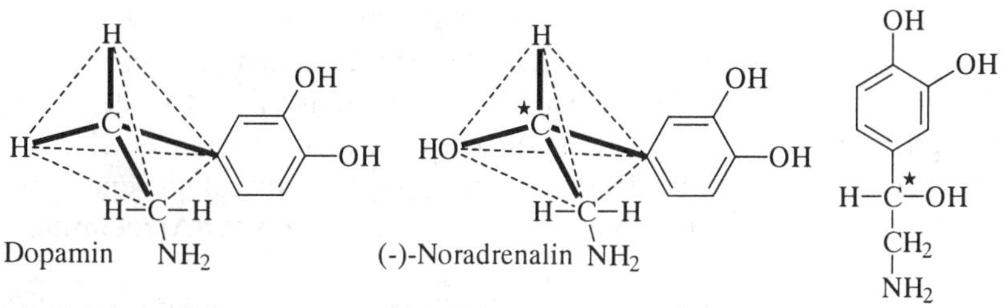

Abb. 3.8: Hydroxylierung des Dopamins durch die Dopamin-β-Monooxygenase (Enzyme Nomenclature *1.14.17.1*) stereospezifisch zum Transmitter Noradrenalin (Norepinephrin). Beide gehören zu den Catecholaminen. Konventionelle Schreibweise für das Noradrenalin rechts.

Das Noradrenalin ist ein Transmitter des sympathischen Nervensystems (Sympathikus). Seine räumliche Struktur ist wichtig für die richtige Anlagerung an die Bindungsstelle der Rezeptoren und damit für die Auslösung einer Wirkung an den vom Sympathikus versorgten Organen. Verwendet man im Experiment das falsche Enantiomer des Noradrenalins, allgemein als Distomer bezeichnet, fallen die erreichten Wirkungen um ein Vielfaches geringer aus, verglichen zu denen nach Einsatz des Eutomer. Ein Modell, welches dieses Phänomen schlüssig erklärt, besteht in der Vorstellung, daß das Eutomer an drei Punkten des Rezeptors bindet, das Distomer aber nur lockerer an zwei Punkten und deswegen eine viel schwächere Wirkung entfaltet.

Im Labor synthetisierte Verbindungen bestehen meist aus einer Mischung von Enantiomeren, deren Anzahl sich mit jedem zusätzlichen Asymmetriezentrum verdoppelt. Liegen drei Asymmetriezentren vor, ist durchaus möglich, daß nur ein Achtel der Verbindung die gesuchte pharmakologische Wirkung aufweist, aber sieben Achtel der Substanz zu unerwünschten Nebenwirkungen führen. Da eine Abtrennung aller 'falschen' Bestandteile aufwendig ist, sinkt das Interesse, solche Verbindungen herzustellen. Sie lassen sich einfacher als Naturstoffe isolieren, wie das Chinin (Abb. 3.1), welches vier Asymmetriezentren aufweist.

3.7 Arzneistoff-Analytik

Eine der pharmazeutischen Hauptaufgaben ist die Prüfung der Arzneistoffe auf Identität und auf Reinheit. Weder bei der Synthese noch bei dem kommerziellen Erwerb von Arzneistoffen, aus denen in der pharmazeutischen Praxis Arzneimittel hergestellt werden sollen, darf sich der Apotheker auf andere verlassen. Er ist als Anwender der Arznei- und Hilfsstoffe persönlich verantwortlich für die Identität und Reinheit der verwendeten Materialien. Dies gilt gleichermaßen für eine patientenbezogene Herstellung (Rezeptur) wie für eine industrielle Herstellung, die einer Herstellungserlaubnis nach §15 und eines Nachweises der Sachkenntnis nach §13 AMG bedarf. Aus diesem Grunde sind besondere Nachweis- und Analysenverfahren entwickelt worden, welche die erforderlichen Prüfungen sicher und zweifelsfrei ermöglichen. Die anzuwendenden Techniken sind in den amtlichen Pharmakopoeen (siehe Abschnitt 6.3) für die einzelnen Substanzen in Form von Monographien dokumentiert. Die Anwendung ist verbindlich und garantiert landesweit die Einhaltung eines hohen Sicherheitsstandards für Arzneimittel.

Um den Nachweis der Identität für Chlordiazepoxid (Librium®) zu erbringen, führt man eine saure Hydrolyse einer Materialprobe durch. Hierdurch entsteht 2-Amino-5-chlorbenzophenon (3) (Abb. 3.9 und 3.5). Durch die Einwirkung von salpetriger Säure (HNO_2) erfolgt eine Diazotierung des aromatischen Amins, das mit 1-Naphthol zu einem roten Azofarbstoff (8) gekoppelt werden kann.

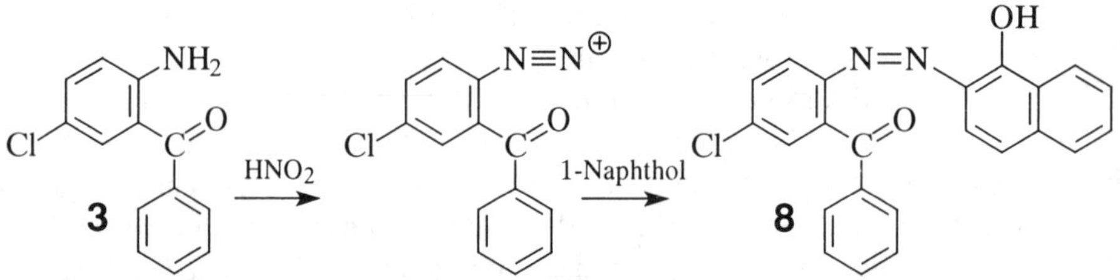

Abb. 3.9: Die Diazotierung gelingt mit Salpetriger Säure im Sauren. Durch Protonierung von HNO_2 entsteht das NO^+, welches das aromatische Amin in ein Diazonium-Ion überführt. Dieses koppelt leicht an 1-Naphthol. Hierdurch entsteht der Azofarbstoff 2-(4'-Chlor-2'-benzoyl-phenyl-azo)-1-hydroxynaphthalin (8), der wegen des konjugierten Systems aus Doppelbindungen ein Chromophor enthält und deshalb durch sichtbares Licht angeregt werden kann. (Vgl. Abb. 3.5).

Ein Nachweis der Identität sagt aber noch nichts über die Reinheit der Substanz aus. Letztere könnte organische oder anorganische Begleitstoffe enthalten. Organische Verunreinigungen, die aus der Synthese oder von strukturverwandten Substanzen stammen, lassen sich elegant und schnell durch das Verfahren der Dünnschicht-Chromatographie (DC; Thin-Layer Chromatography, TLC) bestimmen. Dieses Verfahren ist eine Weiterentwicklung der durch den russischen Chemiker M. Tswett 1906 entdeckten Chromatographie, die ursprünglich als Säulen- oder Papier-Chromatographie angewandt wurde.

Die im Arzneibuch verwendeten Materialien sind neben Aluminiumoxid und Cellulose besonders Kieselsäuregele (Silicagel) mit einer Korngröße von 10 bis 40 µm, die mit etwa 13% Gips gemischt in dünner Schicht (0.25 mm) als wäßrige Suspension auf eine Glasplatte oder auf eine Aluminiumfolie aufgetragen und bei ca. 110°C getrocknet werden. In vielen Fällen ist zusätzlich ein mineralischer Fluoreszenzindikator (Mangan-aktiviertes Zinksilikat) in einem Anteil von 1.5% zugemischt, welcher der Platte unter Bestrahlung mit Licht von 254 nm (UV-A) eine grünlich-gelbe Fluoreszenz verleiht. Platten dieser Art tragen die Bezeichnung $G F_{254}$. Taucht man den unteren Rand einer Silicagel-Platte in ein Lösungsmittel(-gemisch) ein, so saugen die Kapillarkräfte der *stationären* Phase die Flüssigkeit nach oben. Am besten ist es, diesen Prozeß in einer dicht verschlossenen Kammer bei Kammersättigung ablaufen zu lassen.

War zuvor auf die Platte das gelöste, zu prüfende Substanzgemisch aufgetragen worden (etwa 10-50 µg Material pro Substanz), werden die einzelnen Komponenten aufgrund der verschieden starken Adsorptions- und Desorptionskräfte unterschiedlich schnell auf der stationären Phase weitertransportiert. Dies führt zu der gewünschten Trennung in die Einzelkomponenten des Substanzgemisches. Nach Abdampfen des Fließmittels ist mit bloßem Auge auf der Platte nichts zu sehen. Die Betrachtung bei gleichzeitiger Bestrahlung mit UV-A Licht läßt bei aromatischen Verbindungen in der Regel eine Fluoreszenzlöschung erkennen, da das UV-Licht den Fluoreszenzindikator nicht mehr erreicht. Substanzen mit Eigenfluoreszenz wie Cumarine geben sich bei Bestrahlung mit UV-B Licht (366 nm) zu erkennen. Zum Sichtbarmachen von Substanzen, die sich einem direkten Nachweis durch Licht entziehen, müssen geeignete Reagenzien auf die Platte gesprüht werden, um durch Farbreaktionen auf der stationären Phase eine Identifizierung zu ermöglichen. Diese Reaktionen dienen auch dazu, die Laufstrecken der Verbindungen zu ermitteln und sie zur Identifizierung auszunutzen.

In der Wahl der *mobilen* Phase (Elutions- oder Fließmittel) ist man nicht frei. Um hochpolare Substanzen in der stationären Phase zu bewegen und damit von anderen zu trennen, benötigt man auch stark polare (hydrophile) Fließmittel und umgekehrt. Wenig polare besitzen nicht die Kraft, die Verbindungen von der stationären Phase zu desorbieren. In dieses Wechselspiel greift auch die oberflächlich adsorbierte Feuchtigkeit ein. Bei gewöhnlichen relativen Luftfeuchtigkeiten und nicht wasserfreien Eluenten liegen die Aktivitäten für die Adsorption im mittleren Bereich. Eine Reduktion des Feuchtigkeitsgehalts durch mehrstündige Wärmebehandlung (150°C) kann die Adsorption steigern.

Besonders hilfreich und elegant ist der Einsatz der DC zur Verfolgung von Reaktionsfortschritten während organischer Synthesen. Eine Probe des Materials ist dem Reaktionsansatz schnell entnommen, auf eine kleine Platte aufgetragen und nach kurzer Zeit hat man Gewißheit über den Stand der Synthese. Auch im klinischen Bereich läßt sich die DC erfolgreich bei der Diagnose der Porphyrien einsetzen. Bei diesen Erkrankungen werden falsche Vorstufen des Blutfarbstoffs *Häm* gebildet, die im Harn ausgeschieden werden. Sie lassen sich trennen und im UV-Licht aufgrund ihrer roten Fluoreszenz in einer Menge ab 0.01 µg nachweisen. Nebenbei bemerkt, beruht die Färbung brauner Hühnereier auf ausgeschiedenen Porphyrinen, die ebenfalls rot fluoreszieren. Während sich die DC für qualitative Untersuchungen hervorragend eignet und sofern ein fluorimetrischer Nachweis möglich ist eine gute Empfindlichkeit vorliegt, sind quantitative Auswertungen schwierig. Im allgemeinen gilt, daß die Quadratwurzel der Fleckfläche der in ihm enthaltenen Substanzmenge direkt proportional ist.

Auf dem Prinzip der Chromatographie basieren auch die Gas-Chromatographie (GC) und die Hochdruck-Flüssigkeits-Chromatographie (HPLC, high pressure liquid chromatography), die aus der Analytik in Forschung und Kontrolle heute nicht mehr wegzudenken sind.

Bei der HPLC-Technik wird ein Eluent mit einer geeigneten Pumpe durch ein Bett einer feinkörnigen stationären Phase gepumpt, die sich in einer Säule von 3 mm Durchmesser und bis zu 30 cm Länge befindet. Der erforderliche Druck liegt zwischen 100 und 500 bar. Aufgrund der zu analysierenden Gemische lipophiler Substanzen wird als stationäre Phase meist eine sog. Umkehrphase oder 'reversed phase' benutzt. Sie besteht aus einem feinkörnigen massiven Silicatträger von ca. 3 µm Durchmesser, welcher mit einer Schicht von Kohlenwasserstoffen (z.B. C_{18}) samtartig besetzt ist. Die durch kovalente Bindung gehaltene Beschichtung verleiht den Partikeln eine hydrophobe Eigenschaft, was die Adsorption lipophiler Substanzen ermöglicht. Die Eluenten oder deren Gemische müssen in ihrer Elutionskraft so gewählt sein, daß sie die Substanzen wieder desorbieren können (Eluotrope Reihe). Die getrennten Bestandteile lassen sich mit verschiedenen Detektoren nachweisen.

Beinahe universell einsetzbar sind die UV/Vis-Detektoren, welche die Lichtabsorption der Verbindungen ausnutzen. Der Einsatz von Dioden-Array-Systemen gestattet es sogar, die Absorptionsspektren der voneinander getrennten Verbindungen momentan zu bestimmen. Auch ein Massenspektrometer (MS) kann als

Detektor an eine HPLC Anlage angeschlossen werden und ermöglicht eine Identifizierung der getrennten Bestandteile aufgrund der Bruchstücke, in die sie beim Beschuß mit Elektronen nach bestimmten Regeln schrittweise zerfallen.

3.8 Organisch-chemische Nomenklatur (IUPAC)

Zur Benennung organischer Moleküle benutzt man Kunstwörter, welche die nach festgelegten Regeln aufgereihten Wortelemente für die einzelnen Molekülteile enthalten und eine eindeutige Rekonstruktion des Aufbaus ermöglichen. Um diese Aufgabe zu erreichen, gibt es nicht nur eine Möglichkeit. Zunächst hat man einfache Namen aus fremden Sprachen zur Bezeichnung verwendet. Diesen Namentyp nennt man *Trivialnamen*. Viele von ihnen, die einfachere Moleküle, wie z. B. Anthracen, Äthan, Äther, Alkohol, Benzol, Naphthalin, Pyridin bezeichne(te)n, dienen heute als Wortbausteine für die systematische Nomenklatur der IUPAC (International Union of Pure and Applied Chemistry). Sehr kompliziert gebaute Moleküle, wie Naturstoffe, werden ihrer Kürze und leichteren sprachlichen Handhabung wegen gerne mit Trivialnamen bezeichnet (Corticosteron), welche für die später besprochenen Internationalen Freinamen geradezu neu erfunden werden.

Häufig findet man für einfache Verbindungen, die einer Stoffklasse angehören, Namen, die sich aus der Bezeichnung des Radikals und der Stoffklasse zusammensetzen (*radikal-funktionelle Namen*). Beispiele hierfür sind Ethylalkohol, Ethylmethylketon und Methylamin. Jedoch stehen für eine umfassende Nomenklatur mit diesem System zu wenige Möglichkeiten zur Verfügung.

Anders bei den sogenannten *Substitutionsnamen*. Diesen liegt die Idee zugrunde, daß sich der Name eines Moleküls aus dem eines Grundmoleküls und dessen Substituenten zusammensetzen läßt. In der Vorstellung geht man davon aus, daß die Substituenten Wasserstoffatome des Grundmoleküls ersetzen. Beispiele für einfache Substitutionsnamen sind Methylbenzol, Naphthyl-2-amin oder Bromethan.

Die systematische Nomenklatur bedient sich weitgehend der Substitutionsnamen. In einem solchen Namen treten in der Regel drei Bestandteile auf. Der Name der gewählten Stammverbindung (Grundmolekül) liefert den *Stammnamen*, die Namen der nicht-funktionellen Substituenten und Radikale (Tab. 3.2: N), die als *Präfixe* nur vor den Stammnamen gesetzt werden können, und die Namen der funktionellen Gruppen (Tab. 3.2: F), von denen nur die Hauptfunktion das *Suffix* liefert, eventuelle Nebenfunktionen aber zu Präfixen werden. Über Haupt- und Nebenfunktion entscheidet eine festgelegte Rangfolge. Die Präfixe werden in der Regel alphabetisch geordnet, die Ziffern bleiben unberücksichtigt.

funktionelle Substituenten   **(F)**

Stoffklasse	Präfix	Suffix
Diazonium		-diazonium
Ammonium	Trialkylammonium-	-ammonium
Carbonsäure	Carboxy-	-carbonsäure
Sulfonsäure	Sulfo-	-sulfonsäure
Säureester	Alkoxycarbonyl-	-säureester
Sulfonsäureamid	Sulfamoyl-	-sulfamid
Keton	Oxo-	-on
Alkohol/Phenol	Hydroxy-	-ol
Thiol	Mercapto-	-thiol
Amin	Amino-	-amiril

nicht-funktionelle Substituenten   **(N)**

Stoffklasse	allgemein Präfix	Beispiel
Ether	Alkoxy-	Methoxy-
	Aryloxy-	Phenoxy-
Halogenverb.		Chlor-
Harnstoffe		Ureido-
Hydrazine		Hydrazino-
Nitroverb.		Nitro-
Thioether	Alkylthio-	Methylthio-

Radikale aliphatischer Kohlenwasserstoffe

Stamm	einw. Radikal	zweiw. Radikal
Methan	methyl-	methylen-
Ethan	ethyl-	ethylen-
Propan	propyl-	trimethylen-
(isopropyl-)	1'-methyl-ethyl-	propylen-
Butan	butyl-	tetramethylen-
(sek.-butyl-)	1'-methyl-propyl-	butylen-
Pentan	(amyl-) pentyl-	pentamethylen-

Radikale von Aromaten und Heterozyklen

Stamm	einw. Radikal	zweiw. Radikal
Benzol	phenyl-	o-,m-,p-phenylen-
Toluol	benzyl-	
Naphthalin	naphthyl-	
Furan	furyl-	
Pyrrolidin	pyrrolidyl-	
(Valenz am N)	pyrrolidino- = pyrrolidyl-(1')-	
Pyridin	pyridyl-	
(Valenz am N)	pyridino- = pyridyl-(1')-	

Tab. 3.2. Namen von Substituenten als Suffixe, Präfixe und die verschiedener Stammverbindungen.

Die nebenstehende Tabelle faßt in vier Teilen die Namen der wichtigsten Substituenten und Stammverbindungen in einer Auswahl zusammen. Für die funktionellen Substituenten ist eine Rangfolge festgelegt. Die weiter oben stehende Funktion wird immer zum Suffix, so daß es für die Stoffklasse der Diazonium-Salze nur das Suffix '-diazonium' gibt. Hierzu siehe auch Beispiele für Nomenklaturen in Abb. 3.10. Zwischen alkoholischen und phenolischen Hydroxylgruppen wird nicht unterschieden.

Die nicht-funktionellen Substituenten, das sind solche von denen keine Derivate herstellbar sind, erscheinen immer mit ihrer vorangestellten Ziffer als Präfixe.

Die folgenden Teile der Tabelle nennen Stammnamen bekannter aliphatischer Kohlenwasserstoffe. Sie können als ein- oder zweiwertige Radikale in Präfixen auftreten. Wichtig ist die Lage der freien Valenz. Die Namen für zweiwertige Radikale beziehen sich auf benachbarte oder endständige Valenzen. Sollen beide Valenzen von einem Atom ausgehen, ist die Endung -yliden zu verwenden (Tab. 3.2).

Die zuletzt aufgeführten zyklischen Verbindungen treten als Stammnamen oder im Präfix als Radikale auf. In Heterozyklen sind die Positionen nicht alle gleichwertig und die Lage der Valenz drückt sich im eigenen Namen aus.

Um die Stellung der Substituenten an den Stammverbindungen genau angeben zu können, werden an diesen die Atome, welche Substituenten tragen können (in der Regel Kohlenstoffe, Stickstoffe), arabisch beziffert. Dadurch läßt sich die Lage jedes Strukturmerkmals, auch von Doppel- oder Dreifachbindungen, eindeutig angeben. Es ist beim Beziffern darauf zu achten, daß immer die kleinsten Ziffern Verwendung finden (Abb. 3.10).

Neben Substituenten 1. Ordnung, welche an der Stammverbindung sitzen, können auch Substituenten höherer Ordnungen auftreten, die einen Wasserstoff an einem Substituenten ersetzen. Die Ziffern werden hierzu 'gestrichen' (', " etc.) und die Namen entsprechend geklammert.

Präfix(e)-	Stammname-	Suffix	#
3-(3'-Dimethylamino-propyliden)-	1,4-cycloheptadien		1
2-[3'(Dimethylamino)-2'-methyl-propyl]-	naphthalin-	8-carbonsäureamid	2
3-Hydroxy-5-hydroxymethyl-2-methyl-	pyridin-	4-carbonsäureethylester	3
3,4-Dimethoxy-	3-cyclobuten-	1,2-dion	4
2-Mercapto-4-pyrrolidino-	butan-	1-ol	5
4-Sulfamoyl-	phenyl-	carbonsäure	6
3-Oxo-	pentamethylen-	bis(triethylammonium)	7

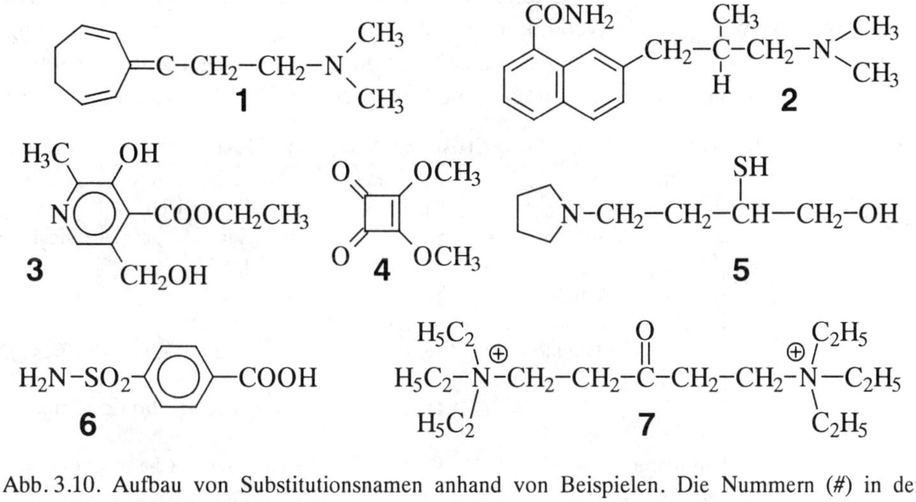

Abb. 3.10. Aufbau von Substitutionsnamen anhand von Beispielen. Die Nummern (#) in der rechten Spalte beziehen sich auf die im unteren Teil dargestellten Strukturformeln.

Mit den erläuterten Regeln ist es jedoch nicht möglich, alle Strukturen chemischer Verbindungen zu benennen. Weitere Gebiete der Nomenklatur befassen sich mit der Nomenklatur von kondensierten Ringsystemen, von gesättigten, teilweise ungesättigten und maximal ungesättigten Heterozyklen und deren Trivialnamen, von bizyklischen oder trizyklischen Verbindungen, von Spiranen, ringförmigen Funktionen und von Verbindungen mit cis-trans-Isomerie. Hierzu ist ein weiterführendes Lehrbuch oder die Spezialliteratur heranzuziehen.

3.9 Die Namen der Arzneimittel

Namen von Dingen machen erst die Verständigung möglich. Werden neue chemische Substanzen entwickelt, ist die Sprache gefordert nachzuziehen. In der rationellen chemischen Nomenklatur nach IUPAC ist ein sehr leistungsfähiges System geschaffen worden, eindeutige Bezeichnungen festzulegen. Dies ist bereits erklärt worden.

In diesem Abschnitt soll die Namengebung der Medikamente im Vordergrund stehen, also Produktbezeichnungen pharmazeutischer Präparate. Derzeit sind ca. 10 000 Arznei- oder Wirkstoffe bekannt. Hierbei handelt es sich um chemisch eindeutig definierte Stoffe, die voneinander völlig verschieden sind. Neben der systematischen IUPAC-Nomenklatur, die es in der heutigen Form seit 1978 gibt, interessieren hier vor allem die Prüfcodierungen, Freinamen und Handelsnamen.

Neue in der Entwicklung befindliche Wirkstoffe erhalten, noch bevor man sich über eine Namengebung Gedanken macht, eine sogenannte *Prüfcodierung* (Tab. 3.3). Die in der Regel aus Buchstaben und Ziffern aufgebauten Bezeichnungen werden nach einem firmeneigenen Chiffrierschlüssel vergeben und ge-

Auswahl von Basiscodierungen bekannter Firmen (code letters)   Tab. 3.3

B, BAY, Bay, E, FB, GEA	Farbenfabr. Bayer	RP	Rhone-Poulenc, France
		RU	Roussel-UCLAF, France
BAS	Badische Anilin & Soda-Fabrik	SaH	Sandoz Pharmaceutical, USA
BM	Boehringer Mannheim	SAN, DW	Sandoz AG, Schweiz
BRL	Beecham Res. Labs. Ltd.	Sch, SRG	Schering
CG	Chemie Grünenthal	SKF	Smith, Kline & French, USA
CGA, CGS, G, GS	Ciba-Geigy AG, Schweiz		
EL	Eli Lilly & Co.	Th, St	C. H. Boehringer Sohn, Ingelheim
EMD, St	E. Merck, Darmstadt		
FI	Farmitalia	TI	Takeda Chemical Ind., Japan
Gö	Gödecke AG		
HB, LB	Farbwerke Hoechst	UCB	Union Chimique Belge
HL	VEB Deutsche Hydrierwerke	UK	Pfizer Ltd, England
		Win	Winthrop Labs. USA
Hoe	Hoechst-Roussel	WL	Wyeth Labs. USA
R	Janssen, Belgien	Weitere Codes in 'The Merck Index'.	
Ro, LA	Hoffmann-La Roche		

statten betriebsintern eine eindeutige und sichere Zuordnung. Oft finden diese Bezeichnungen auch Eingang in die wissenschaftliche Literatur. So ergibt es sich gelegentlich, daß manche Wirkstoffe unter ihrer Prüfbezeichnung bekannter werden als unter dem später vergebenen Namen. Als Beispiele seien angeführt E605 (Parathion), Ehrlich 606 (Salvarsan), Bayer 205 (Germanin).

Die internationalen *Freinamen*, international non-proprietary names (INN) werden seit 1950 von der WHO in Genf überwacht. Sie sind weltweit gültig und dürfen von jedermann benutzt werden. Sie werden auch als 'generische Namen' (generic names) bezeichnet, ein Ausdruck, von dem sich der Begriff Generikum ableitet. Der Freiname kann vom Hersteller der Behörde vorgeschlagen werden (pINN, proposed). Nach Prüfung wird er veröffentlicht und gilt, sofern innerhalb von vier Monaten kein Einspruch erfolgte, als empfohlener Freiname (rINN, recommended). Der internationale Freiname sollte unverwechselbar, nicht übermäßig lang und leicht aussprechbar sein und in den verschiedenen Sprachen auch einheitliche Schreibweisen haben. Chemisch verwandte Substanzen, deren pharmakologisches Wirkprinzip ähnlich ist, sollten eine gemeinsame Kennsilbe als Prä- oder Suffix oder im Wortstamm aufweisen (Tiro*fiban*, Lami*fiban*, Frada*fiban*, Sibra*fiban*, Lefrada*fiban* und Xemilo*fiban*; Ti*clopid*in und *Clopid*ogrel). Die von der WHO angegebenen internationalen Freinamen sind nicht rechtsverbindlich. Neben ihnen gibt es auch nationale Freinamen (BAN, British Approved Name; DCF, Dénomination Commune Française).

Handelsnamen werden nach Anmeldung beim Patentamt in das Markenregister eingetragen. Sie sind innerhalb eines Staatsgebietes geschützt und dürfen nur durch den Eigner verwendet werden. Sie werden als geschützte Markennamen (registered trade names, nomes commerciaux) durch ein nachgestelltes R (registered), den Zusatz E.W. (eingetragenes Warenzeichen) oder TM (trade mark USA) gekennzeichnet. Die Schutzdauer beträgt zehn Jahre und kann gegen Zahlung einer Gebühr beliebig oft verlängert werden.

3.10 Toxikologische Analyse

Zur Durchführung einer toxikologischen Arzneistoffanalyse ist oft die Gewinnung einer unbekannten Substanz aus einer biologischen Matrix erforderlich. Es kann sich um Urin, Mageninhalt, Speisen, Lebensmittel, Arzneimittel oder sonstige Güter handeln, die zufällig oder aus kriminellen Beweggründen manipuliert wurden. Nach ihrer Isolierung kann eine chemische Identifizierung des gesuchten Stoffs mit weiteren analytischen Verfahren erfolgen (GC, DC, MS).

Häufiger stellt sich die Aufgabe, die Komponenten von Substanzgemischen identifizieren zu müssen. Für diesen Fall wurde von J.S.Stas (1813-1891), Professor der Chemie in Brüssel, erstmals ein Vorgehen beschrieben, das eine Trennung von Substanzen erreicht aufgrund ihres Löslichkeitsverhaltens in verschiedenen Lösungsmitteln. Das Verfahren wurde von F.J.Otto (1809-1870) in Braunschweig zu einem Analysengang ausgearbeitet. Zwei Prinzipien spielen eine wichtige Rolle: die Verteilung von Substanzen zwischen wäßriger Phase und einem organischen Lösungsmittel und die durch Änderung des pH-Wertes erzwungene Bildung oder Zerlegung von Salzen.

Zur Trennung im Analysengang wird eine stark schwefelsaure wäßrige Mischung der Probe (pH 1) hergestellt und mehrfach mit Ether ausgeschüttelt (vgl. Abschnitt 2.2). Während in den Ether alle nicht geladenen Substanzen wie Säuren, Phenole und einige Neutralstoffe übergehen und abgetrennt werden können, bleiben in der wäßrigen sauren Phase alle durch Protonierung geladenen basischen Moleküle zurück (Tab. 3.4). Um diese Basen auch in ein organisches Lösungsmittel zu überführen, alkalisiert man das wäßrige Medium. Die daraufhin durch Abgabe der Protonen wieder ungeladenen Moleküle lassen sich mit Dichlormethan ausschütteln und abtrennen. Im wäßrigen Medium bleiben u.a. Kohlenhydrate, Aminosäuren und quartäre Ammoniumverbindungen zurück. Behandelt man die etherische Phase mit wäßrigem Alkali, lassen sich auch die Säuren und Phenole von Neutralstoffen trennen.

Substanz	Benzoesäure	Phenol	Anilin	Glucose	Aminosäure
sauer pH < 3					
	ungeladen	ungeladen	geladen	ungeladen	geladen
alkalisch pH > 9					
	geladen	geladen	ungeladen	ungeladen	geladen

Tab. 3.4: Zusammenstellung des Verhaltens von 5 exemplarischen Substanzen im Stas-Otto-Gang. Organische Säuren (Benzoesäure, Phenol) sind im Sauren ungeladen, Basen (Anilin) im Alkalischen. Sie gehen unter diesen Bedingungen in organische Lösungsmittel über. Kohlenhydrate (Glucose) sind immer ungeladen, bleiben aber wegen ihrer Polarität in der wäßrigen Phase. Aminosäuren sind unter den gegebenen Bedingungen immer geladen und bleiben ebenfalls in der wäßrigen Phase.

4 Die Wirkung

Das Verständnis der pharmakologischen Wirkung von chemischen Substanzen im Organismus ist nur dann möglich, wenn der anatomische und histologische (mikroanatomische) Bau der verschiedenen Organe, deren physiologische Funktionsweise nebst deren krankheitsbedingten oder angeborenen Störungen möglichst genau bekannt sind. Dann gelingt es häufig, auch rationale Behandlungsprinzipien auszuarbeiten und diese mit Hilfe von neu geschaffenen Pharmaka in die Tat umzusetzen. Als diejenigen medizinischen Teilgebiete, welche die Grundlage für ein tieferes Verständnis ausmachen, sind die Anatomie, Histologie mit Einschluß der embryonalen Entwicklung, Physiologie und Biochemie anzusehen. Für das Verständnis der Therapie von Infektionskrankheiten sind Kenntnisse der Mikrobiologie und der Virologie erforderlich. Die verschiedenen zunächst lediglich deskriptiven Ebenen werden im folgenden an einzelnen Beispielen dargestellt.

4.1 Anatomie der Augenkammer

Die Anatomie beschreibt den Aufbau des Organismus und der Körperteile. Ihre Wurzeln liegen in der systematischen Sektion von Leichen, die bereits im 14. Jhdt. geübt wurde. Die Blütezeit der makroskopischen Anatomie folgte im 17. Jhdt. Mit der Entdeckung des Mikroskops durch A. van Leeuwenhoek (1632-1723) dringt die anatomische Betrachtung in bislang unsichtbare Bereiche vor. Diese Entwicklung setzte sich in der Histologie und Cytologie weiter fort. Anatomische und histologische Kenntnisse sind für das Verständnis vieler Funktionen wichtig. Die vordere Augenkammer soll als Beispiel dienen.

Sie ist begrenzt von der Hornhaut des Auges (*Cornea*), der Linse (*Lens*) mit deren Halteapparat und der sie kreisförmig umgebenden Regenbogenhaut (*Iris*). Der Grundkörper der Cornea besteht hauptsächlich aus parallel zur Oberfläche liegenden Kollagenfasern, die zwar von Nerven, aber nicht von Blutgefäßen durchzogen werden. Die Durchsichtigkeit ist durch den Quellungszustand bedingt. Nach außen und innen liegt je eine Basalmembran auf, die ein schützendes Epithelgewebe trägt.

Die Linse ist von langgestreckten Zellen, den Linsenfasern, gebildet, die sich schichtenweise aufeinanderlagern. Sie ist nerven- und gefäßfrei. Durch die radiär ansetzenden Halteelemente der Zonulafasern wird die Linse in ihre typische, biconvexe Form gebracht. Von ihnen gelöst, hat sie die Tendenz eine Kugelgestalt anzunehmen. Die Zonulafasern sind an dem ringförmigen Ziliarkörper (*Corpus ciliare*) befestigt und stehen ständig unter Zug. Die Ziliarmuskulatur reguliert den Krümmungsgrad der Linse und damit die Sehschärfe für nah und fern (Abb. 4.1). Während eine aktive Kontraktion der Ziliarmuskulatur den Rückstellkräften der Linse freie Bahn läßt und die Brechkraft für den Nahbereich erhöht, führt die Erschlaffung des Ziliarmuskels über eine Verstärkung des Zugs der Zonulafasern zu einer Abplattung der Linse mit Fernakkommodation. Fortschreitendes Alter läßt die Elastizität der Linse sinken, was zur Folge hat, daß formbedingt deren Brechkraft geringer wird und das Sehen in der Nähe durch eine Brille unterstützt werden muß. Die Linse kann sich trüben, eine Veränderung, die als Katarakt oder Grauer Star bezeichnet wird.

Die Regenbogenhaut, welche nach vorne durch Pigment gefärbt ist, verschließt unter Bildung des Kammerwinkels die vordere Augenkammer vom Ziliarkörper bis zum Rand der Pupille. Die Iris ist in der Funktion als Blende, die den Lichteinfall regelt, durch den Ringmuskel *M. sphincter pupillae* zu schließen und durch den antagonisierenden *M. dilatator pupillae* zu öffnen.

Das Epithel des Ziliarkörpers bildet in der hinteren Augenkammer durch Ultrafiltration das Kammerwasser (ca. 2 μL/min), wodurch sich ein physiologischer hydrostatischer Innendruck zwischen 12 bis 20 mm Hg aufbaut. Das zwischen Iris und Linse in die vordere Augenkammer abfließende Kammerwasser versorgt Linse und Cornea und erreicht den Kammerwinkel, welcher ein lockeres Sieb bildet und den Abfluß durch den Schlemmschen Kanal ermöglicht. Ein Rückstau des Kammerwassers durch eine Verlegung des Kammerwinkels läßt den Augeninnendruck steigen und führt wegen der Schädigung der Retina zum Grünen Star oder Glaukom. Durch Medikamente, welche über die Beeinflussung des vegetativen Nervensystems die Öffnung des Kammerwinkels und des Abflusses gewährleisten, kann die Erkrankung ursächlich verhindert werden .

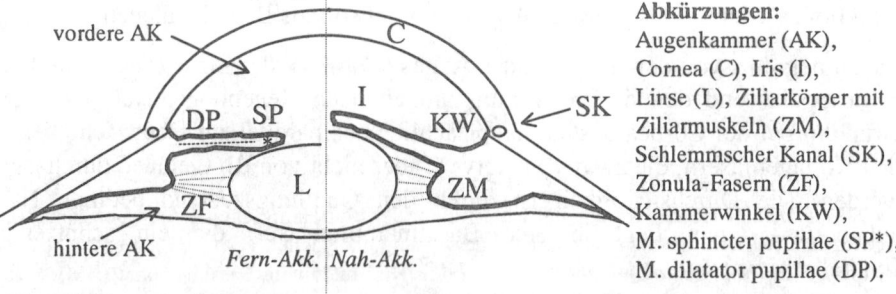

Abkürzungen:
Augenkammer (AK),
Cornea (C), Iris (I),
Linse (L), Ziliarkörper mit
Ziliarmuskeln (ZM),
Schlemmscher Kanal (SK),
Zonula-Fasern (ZF),
Kammerwinkel (KW),
M. sphincter pupillae (SP*),
M. dilatator pupillae (DP).

Abb. 4.1: Schematische Darstellung der vorderen und hinteren Augenkammer. Rechts: Ziliarmuskeln kontrahiert, Zonula-Fasern entspannt, Linse durch elastische Rückstellkräfte stark gekrümmt, starke Brechkraft, Nah-Akkommodation. Links: Ziliarmuskeln erschlafft, Zonula-Fasern gespannt, Linse abgeflacht, Fern-Akkommodation oder Akkommodationsruhe.

4.2 Physiologie der Ultrafiltration

Die Physiologie beschreibt und erklärt funktionelle Lebensvorgänge im Organismus und seinen Organen. Sie baut teilweise auf (mikro-)anatomischen Kenntnissen auf. Abweichungen vom Regelfall behandelt die Pathophysiologie.

Das Blut, gerne als flüssiges Organ des Körpers bezeichnet, besteht zu 45 vol% aus zellulären Bestandteilen, den Erythrozyten und Leukozyten, sowie zu 55 vol% aus einer eiweißreichen Flüssigkeit, dem Blutplasma. Wurde dem Plasma durch Gerinnung das Fibrin entzogen, spricht man von Serum. In den Gefäßen des Glomerulum der Niere erfolgt eine Ultrafiltration des Blutplasmas. Dies gelingt in einem mehrstufigen Prozeß an der Blut-Harn-Schranke (Abb. 4.2). Die blutführenden Kapillaren sind von Endothelzellen ausgekleidet, die in der Niere besonders viele Fenestrationen aufweisen, welche in ihrer Gesamtheit etwa 10% der Endotheloberfläche ausmachen. Wegen des zu geringen Durchmessers der Öffnungen (fenestrae), können zelluläre Blutbestandteile die Kapillare nicht verlassen. Lösliche Bestandteile gelangen aber an die Basalmembran, denen die Endothelzellen bzw. die Podozyten mit den Fortsätzen jeweils einseitig aufsitzen. Die Basalmembran besteht aus drei Schichten, die sich elektronenoptisch unterscheiden lassen. In der Mitte die *Lamina densa*, die von der *Lamina rara interna* und *externa* flankiert ist. Die Basalmembran ist aus Kollagenfasern, Glykoproteinen und Proteoglykanen aufgebaut und wie ein Gel für Moleküle mit einem funktio-

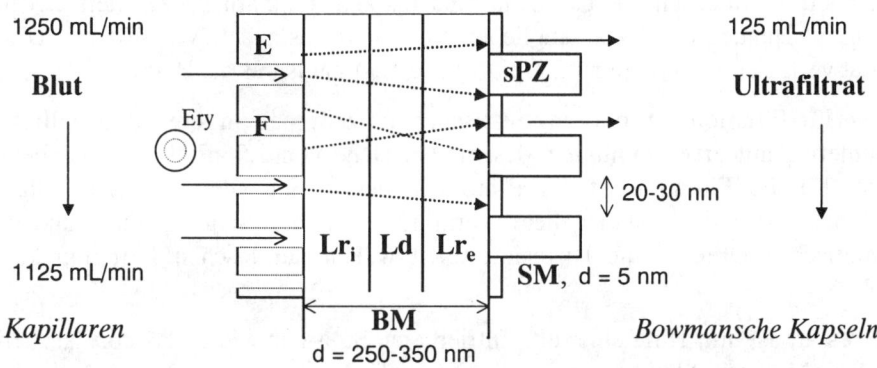

Abb. 4.2: Schematische Darstellung der Ultrastruktur der Blut-Harn-Schranke im Querschnitt. Das Blut in der Kapillare ist begrenzt durch fenestrierte Epithelzellen (E) mit (F). Der abgebildete Erythrozyt (Ery) hat einen Durchmesser von 7 μm. Die trilaminäre Basalmembran (BM), bestehend aus Lamina rara interna/externa (Lr$_i$/Lr$_e$) und Lamina densa (Ld), arbeitet als Molekülsieb (Gel). Die resultierenden Porenäquivalente haben einen mittleren Radius von 2.9 nm. Sekundärfortsätze (sPZ) der Podozyten sind durch Spaltmembran (SM) verbunden. Links Zufluß von Blut durch die Kapillaren, rechts Abfluß des Ultrafiltrats in die Bowmanschen Kapseln.

nellen Radius bis 2.9 nm durchlässig. Sehr kleine Moleküle können ungehindert passieren, wie Harnstoff, Glucose oder ungebundene Pharmaka. Größeren Molekülen dagegen wird der Durchtritt mit steigender Molekularmasse mehr und mehr verwehrt, so daß ab der Größe des Serumalbumins (69 kDa entsprechend 3.6 nm) Plasmaproteine völlig zurückgehalten werden. Die in der Basalmembran eingelagerten polyanionischen Proteoglykane stoßen die ebenfalls negativ geladenen Plasmaproteine von der Basalmembran ab, was ihr Verstopfen durch Proteinablagerungen und einen Rückgang der Filtrationsleistung verhindert. Nach dieser Passage folgt noch der Durchtritt des Filtrats durch die sehr dünne Schlitzmembran, welche die Zwischenräume zwischen den Podozytenfortsätzen abschließt, und der Abfluß des blutisotonen Ultrafiltrats über die Bowmansche Kapsel in das tubuläre System der Niere.

Zwischen Blutfluß, Filtrationsleistung der Niere und der Harnproduktion besteht folgender quantitative Zusammenhang. Das vom Herz in den Kreislauf gepumpte Blutvolumen, das Herzminutenvolumen (HMV), beträgt etwa 5000 mL/min. Hiervon fließen 25% durch die Nieren, das sind 1250 mL/min (renale Durchblutung). Da Blut einen zellulären Anteil von 45% aufweist (Hämatokrit), stehen nur 55%, das sind 680 mL Plasma (renaler Plasmastrom), zur Filtration zur Verfügung. Hiervon erscheinen im Mittel 125 mL/min als Ultrafiltrat, was einem Filtrationsanteil von 20% entspricht. An einem ganzen Tag ergibt sich ein Gesamtvolumen an Ultrafiltrat von 180 Litern. Das gesamte Blutplasma wird etwa 60 mal am Tag filtriert. Das große Volumen macht eine sehr effektive Konzentrierungsleistung der Niere erforderlich, die das Ultrafiltrat bis zum Endharn konzentriert, der nur noch ein Hundertstel des anfänglichen Volumens ausmacht. Von 125 mL Ultrafiltrat verlassen effektiv nur 1.25 mL (1%) den Organismus als Harn.

Die Ultrafiltration ist ein physikalischer Prozeß, der in etwa 2.5 Millionen Glomerula mit einer kapillaren Gesamtoberfläche von 2.5 m² abläuft. Treibende Kraft für die Filtration ist der Blutdruck, der in den Glomerulum-Kapillaren zwischen 60 und 80 mm Hg liegt, vermindert um den Stauungsdruck und den osmotischen Druck. Eine Diffusion spielt wegen der raschen Filtration keine Rolle.

Interessant ist, mit Hilfe einer ultrafiltrierbaren Substanz wie es das Polysaccharid Inulin (Mr = 5500 Da) darstellt, die Nierenfunktion anhand der glomerulären Filtrationsrate (GFR) zu prüfen. Hierzu wird über eine gewisse Zeit im Blut eine konstante Inulin-Plasmakonzentration benötigt, die man durch eine längere Infusion aufrecht erhalten muß. Da Inulin glomerulär filtriert wird, verläßt es in dem Maße den Körper, wie es die Geschwindigkeit der Ultrafiltratbildung erlaubt (vgl. hierzu Abb. 2.2 und Gl. 2.2). Im Harn sammelt sich die filtrierte Menge des Inulins. Es gilt die Gleichung:

$$\frac{c_{Harn} \times V_{Harn}}{t} = c_{Plasma} \times GFR \qquad \left[\frac{Masse \times Volumen}{Volumen \times Zeit}\right] \qquad Gl.\,4.1$$

Zur Bestimmung der GFR müssen vier Parameter gemessen werden: zwei Konzentrationen, ein Volumen und eine Zeit. Hieraus kann man die GFR als einzige Unbekannte ermitteln. Eine Schädigung der Niere läßt sich an einer GFR erkennen, die weit unter dem normalen Wert von 125 mL/min liegt. Das führt zu einer unzureichenden Ausscheidung von allen filtrierbaren Stoffwechselprodukten (Harnstoff, Kreatinin) und macht im Extremfall eine Dialyse erforderlich.

4.3 Medizinische Mikrobiologie

Infektionskrankheiten sind ständige Begleiter der Menschheit. Von vereinzelten Krankheiten existierte bereits seit Jahrtausenden die Kenntnis von deren Übertragungsarten und Inkubationszeiten. Weil die Erreger allerdings nicht sichtbar sind, sah man den Grund der Erkrankung im Kontagiösen. Erst die Erfindung des Mikroskops durch van Leeuwenhoek (1660) brachte einen wichtigen methodischen Fortschritt. Neben der Entdeckung der Erythrozyten, von denen man bisher nichts wußte, gelang von da an auch die Entdeckung von Mikroorganismen. Es war allerdings ein langer und beschwerlicher Weg bis für die verbreiteten Infektionskrankheiten die auslösenden Erreger zweifelsfrei nachgewiesen werden konnten. Neben der Verbesserung der optischen Methoden durch E. Abbé mußte die mikroskopische Technik vor allem durch die selektive Anfärbung der Bakterien beweiskräftig gemacht werden. War erst der mikroskopische Nachweis der Erreger gelungen, für die Tuberkulose 1882, konnten dessen wissenschaftliche Untersuchungen beginnen und hygienische Maßnahmen ergriffen werden. L. Pasteur (1822-1895) und R. Koch (1843-1910) haben in der Erforschung der Ätiologie von Infektionskrankheiten Bahnbrechendes geleistet. Durch die Anwendung der 1895 von C.W. Röntgen (1845-1923) entdeckten Strahlen verbesserten sich die Methoden zur Diagnose der Tuberkulose durch Übersichtsaufnahmen der Organe noch einmal beachtlich.

Das Gebiet der selektiven Anfärbung von Bakterien ist von P. Ehrlich (1854-1915) und H.C.J. Gram (1853-1938) systematisch erforscht worden. Während Ehrlich durch seine Arbeiten zur selektiven Färbung und Tötung von Krankheitserregern mit Trypanblau das Salvarsan fand, entwickelte Gram die nach ihm benannte zweistufige Färbung von Bakterien mit Gentianaviolett und Fuchsin. Sie läßt die Kerne und Gewebeelemente ungefärbt, die Bakterien aber stark gefärbt hervortreten. Seiner Aufmerksamkeit entging nicht, daß seine Färbemethode die Bakterien in zwei Gruppen unterteilen ließ. Die eine gibt nach einer Behandlung mit Lugolscher Lösung ihren Farbstoff später wieder an Alkohol ab und erscheint rot (gram –), die andere behält den Farbstoff und erscheint dunkelblau (gram +). Diese Unterteilung hat ihre Ursache in dem verschiedenen Aufbau der bakteriellen Zellwand, der eine Erklärung für die unterschiedliche Empfindlichkeit der Bakterien gegenüber Antibiotika vom Typ des Penicillin (β-Lactam-Antibiotika) liefert.

Bakterien sind einzellige, prokaryotische Lebewesen mit einem Durchmesser zwischen 0.2 bis 5 μm. Sie vermehren sich ungeschlechtlich durch Querteilung. Das Cytoplasma der Bakterien enthält DNA und RNA. Es ist von einer dünnen Zellmembran umschlossen. Im Vergleich zu Eukaryoten fehlen ein Zellkern, Mitochondrien und Chloroplasten. Formgebend ist eine feste, das Bakterium umgebende Zellwand. Viele Bakterienarten sind zusätzlich von einer Schleimkapsel umgeben, andere sind begeißelt. Manche Bakteriengattungen sind zur Sporenbildung befähigt, wodurch es ihnen gelingt, als Dauerformen, Zeiten ungünstiger Lebensbedingungen zu überstehen. Von medizinischem Interesse sind die menschen- und tierpathogenen Bakterien (Tab. 4.1), welche nur einen kleinen Teil der bekannten Formen ausmachen.

Familie	Gattung	Art	Krankheit	gram
Mikrokokken	*Staphylococcus*	*aureus*	Pneumonie	+
Streptokokken	*Streptococcus*	*pyogenes*	lokale/generalisierte Inf.	+
Korynebakterien	*Corynebacterium*	*diphtheriae*	Diphtherie	+
Bacillaceen	*Bacillus*	*anthracis*	Milzbrand	+
Neisserien	*Neisseria*	*gonorrhoeae*	Gonorrhoe	–
Enterobacterien	*Escherichia*	*coli*	Harnwegsinfekte	–
Enterobacterien	*Proteus*	*vulgaris*	Harnwegsinfekte	–
Enterobacterien	*Salmonella*	*typhi*	Typhus	–
Enterobacterien	*Shigella*	*dysenteriae*	Ruhr	–
Pseudomonaden	*Pseudomonas*	*aeruginosa*	lokale/generalisierte Inf.	–
Pseudomonaden	*Vibrio*	*cholerae/comma*	Cholera	–
Brucellaceen	*Pasteurella/Yersinia*	*pestis*	Pest	–
Brucellaceen	*Bordetella*	*pertussis*	Keuchhusten	–

Tab. 4.1: Zusammenstellung einiger bekannter Bakterien und der von ihnen ausgelösten Krankheiten.

Die Entdeckung der antibiotischen Wirkung datiert zurück in das Jahr 1928, als A. Fleming (1881-1955) in seinen Bakterienkulturen, auf denen auch der Schimmelpilzes *Penicillium notatum* wuchs, Hemmhöfe beobachtete. Verantwortlich hierfür ist das für Bakterien wachstumshemmende Penicillin, das man extrahieren kann. Erst 1942 gelang die Entwicklung eines therapeutisch einsetzbaren Medikaments. Während damals nur Penicillin G zur Verfügung stand, gibt es heute eine Vielzahl von halbsynthetisch abgewandelten Penicillinen und Cephalosporinen, die man wegen ihrer ähnlichen Struktur und ihrem gleichem Wirkungsmechanismus unter der Bezeichnung β-Lactam-Antibiotika zusammenfaßt.

Wie man heute weiß, hängt die Wirkung der β-Lactame mit dem molekularen Aufbau der bakteriellen Zellwand zusammen. Die Zellwand ist bei grampositiven Bakterien ein vielschichtiges Netz von 15 bis 35 nm Stärke, genannt Sacculus, welches aus Oligosaccharid-Fäden besteht, die untereinander mit Peptidbrücken regelmäßig verbunden sind (Murein). Bakterielles Wachstum macht eine Verlängerung des Sacculus erforderlich. Hierzu bildet das Bakterium in einem ersten Schritt Oligosaccharid-Fäden, die aus den beiden Aminozuckern N-Acetylmuramin und N-Acetylglucosamin bestehen (Abb. 4.3). An ihnen werden regelmäßig Pentapeptid-Ketten der Sequenz L-Ala-D-Glu-L-Lys-D-Ala-D-Ala angeheftet. An den zunächst frei endenden Ketten erkennt eine Transpeptidase die Sequenz D-Ala-D-Ala exakt, spaltet das endständige D-Alanin ab und knüpft schließlich eine kovalente Bindung zwischen dem neuen endständigen D-Alanin und dem L-Lysin des nächsten Pentapeptids.

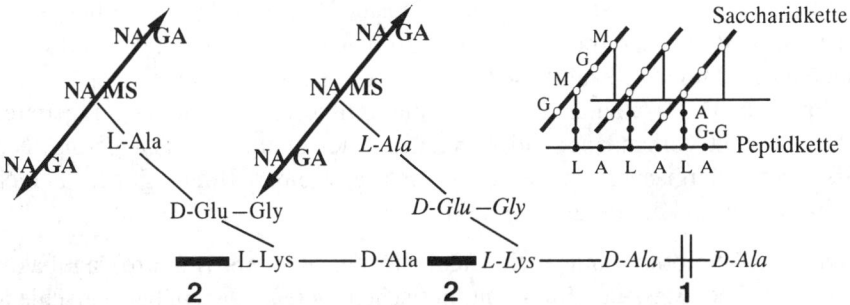

Abb. 4.3: Schema des bakteriellen Zellwandaufbaus bei Micrococcus lysodeikticus (gram +). Oligosaccharidstrang aus N-Acetylglucosamin (NAGA) und N-Acetylmuraminsäure (NAMS). Pentapeptidkette aus Alanin (D/L-Ala), Glutamin (D-Glu) und Lysin (L-Lys). Das endständige *D-Ala* wird abgespalten (1). Zwischen dem freigelegten D-Ala und der freien ε-Aminogruppe des Lysins der nächsten Peptidkette wird eine Bindung geschaffen (2). Die Verlängerung des Oligosaccharid-Stranges durch Transglycosylierung ist nicht gezeigt. Die schematische Darstellung rechts zeigt die Anordnung der Saccharidketten (dick) und Peptidketten (dünn) im Murein. Andere Verknüpfungsmuster sind ebenfalls möglich.

Ist allerdings ein β-Lactam-Antibiotikum anwesend, gelingt die Transpeptidierung nicht, weil das Antibiotikum wegen seiner strukturellen Ähnlichkeit zur Gruppe D-Ala-D-Ala ebenfalls an das Enzym bindet und bereits die Abspaltung des endständigen D-Alanin verhindert. Die Transpeptidase spaltet stattdessen das β-Lactamgerüst des Antibiotikums und blockiert sich durch eine Acylierung des Serins im katalytischen Zentrum selbst (Abb. 4.4). β-Lactam-Antibiotika wirken deshalb nur auf wachsende Keime abtötend oder bactericid.

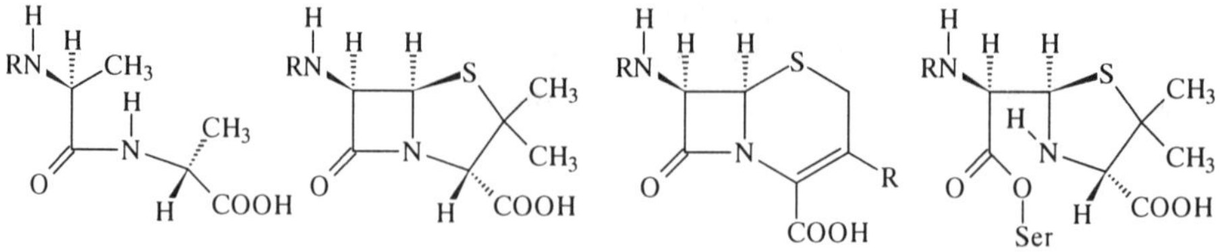

D-Alanyl-D-alanin   6-Aminopenicillansäure 7-Aminocephalosporansäure Spaltung des ß-Lactams

Abb. 4.4: Links: Analogie der Strukturen des D-Alanyl-D-alanin, der 6-Aminopenicillansäure, Grundbaustein der Penicilline, und der 7-Aminocephalosporansäure, Grundbaustein der Cephalosporine, welche beide als Peptidomimetika wirken. Rechts: Acylierung der Hydroxylgruppe des Serins (Ser) der Transaminase durch das Spaltprodukt des β-Lactams.

Da für die Festigkeit der Zellwand von gram-positiven Bakterien in erster Linie der aus bis zu 100 Schichten bestehende Murein-Sacculus verantwortlich ist, reagieren gram-positive Bakterien gegen β-Lactam-Antibiotika wesentlich empfindlicher als Vertreter der gram-negativen, bei denen die Festigkeit der Zellwand von anderen Strukturen gewährleistet wird und maximal zwei Schichten Murein vorkommen. Die Toxizität der β-Lactam-Antibiotika gegenüber Säugetieren ist aufgrund nicht vorhandener Möglichkeiten einer Interaktion sehr gering. Nebenwirkungen allergischer Art ergeben sich aus einer Bindung des Penicillin-Spaltprodukts an körpereigene Proteine.

β-Lactam-Antibiotika sind auch außerhalb des Körpers (in vitro) antibakteriell wirksam. Eine Messung ihrer antibiotischen Potenz gegenüber verschiedenen Bakterien gelingt deshalb im Reihenverdünnungstest. Hierzu inkubiert man in einem Nährmedium, dem das Antibiotikum in logarithmisch fallenden Konzentrationen zugesetzt worden war, die Bakterien und beobachtet deren Wachstum anhand der entstehenden Trübung. Die minimale inhibitorische Konzentration (MIC) charakterisiert diejenige Konzentration, bei welcher Wachstum gerade nicht mehr möglich ist.

4.4 Pharmakokinetik

Verfolgt man in Gedanken ein Penicillinderivat im Körper, kann man einige grundlegende Vorgänge und allgemeine Verhaltensweisen von körperfremden Stoffen, sog. Xenobiotika, in einem Organismus erfahren. Es ist bereits erwähnt worden, daß Penicilline im Körper selbst so gut wie keinen Angriffspunkt besitzen. Sie entfalten ihre Wirkung an den Bakterien, welche sich in Form eines Infektionsherdes in einem bestimmten Bereich oder Organ befinden. Eine systemische Anwendung eines Penicillins bewirkt eine Therapie.

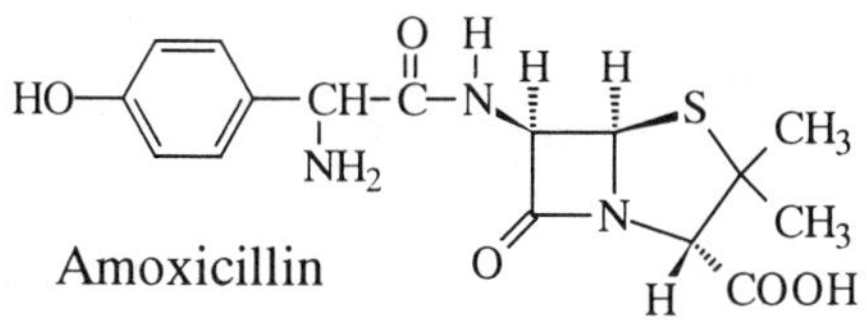

HO—⟨benzene⟩—CH–C–N ... S CH₃ / CH₃ COOH

Amoxicillin

Abb. 4.5: Struktur des Breitspektrum-Antibiotikums Amoxicillin (z. B. Amoxypen®). Es wirkt sowohl auf wachsende gram + und auch auf einige gram – Bakterien bakterizid.

Amoxicillin, ein neueres Penicillin, wird nach oraler Einnahme aus dem Magen-Darm-Trakt zu über 90% resorbiert. Es gelangt zunächst ins Blut, durch das es im Körper verteilt wird. Hierbei verläßt das Molekül, ohne daß es durch die Passage der Leber verändert wurde, den Raum der Blutgefäße und gelangt in die Zwischenzellräume, die man in ihrer Gesamtheit als interstitiellen Raum bezeichnet. Die Erfüllung dieses Raumes ist innerhalb kurzer Zeit abgeschlossen. Hier ist jedoch eine Grenze der Verteilung erreicht, denn in die Körperzellen, also in den intrazellulären Raum, können Penicilline nicht eindringen. In Zahlen ausgedrückt, sie können sich nur in etwa 20% des gesamten Körpervolumens verteilen. Das relative Verteilungsvolumen ist demnach 0.2 L/kg. Für einen Menschen von 70 kg Körpermasse sind das 14 L Verteilungsvolumen (V_d). Die Bakterien sind in einem meist begrenzten Bereich des interstitiellen Raums lokalisiert. Das Penicillin erreicht sie dort, stoppt sie im Wachstum und tötet sie ab.

Es ist einsichtig, daß ein Xenobiotikum, hier Amoxicillin, nicht unbegrenzt lange im Organismus verweilt. In Abschnitt 4.2 wurde bereits der Prozeß der glomerulären Ultrafiltration in der Niere besprochen. Dieser Vorgang läuft simultan zu dem der Resorption und Verteilung ab, was bedeutet, daß, sobald die ersten freien Moleküle im Blut auftauchen, ein Teil von ihnen bereits durch die Elimination wieder verloren geht. Der Verlust ausgedrückt als Abnahme der Konzentration ist umso größer, je höher die durch die Glomerula fließende Konzentration des Xenobiotikums im Plasma ist. Mathematisch formuliert man als Differentialgleichung analog zu Gleichung (2.1):

$$- dc/dt = c \times k_e \qquad \left[\frac{Masse}{Volumen \times Zeit} \right] \qquad Gl. 4.2$$

Im Vergleich zu Gl. 2.1 ist die 'Lichtintensität' durch die 'Konzentration' und der 'Weg' durch die 'Zeit' ersetzt worden. Die Proportionalitätskonstante k_e beschreibt die Geschwindigkeit der Elimination.

Resorption und Elimination prägen den Konzentrationsverlauf des Amoxicillins im Plasma, wie in Abb. 4.6 dargestellt. Die initiale Phase mit überwiegender Resorption führt zu einem Anstieg der Konzentration, die darauf folgende Phase, in der die Elimination vorherrscht, ähnelt einer abfallenden e-Funktion (vgl. Abb. 2.2). Die Funktion mit dem typischen Gesamtverlauf ist unter der Bezeichnung *Bateman-Funktion* bekannt (Bateman, 1910).

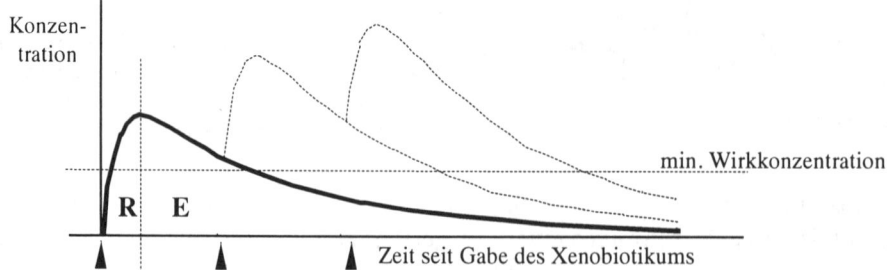

Abb. 4.6: Bateman-Funktion (fette Linie). Darstellung des Konzentrationsverlaufs im Verteilungs-volumen nach einer einmaligen oralen Gabe eines Xenobiotikums, welches durch glomeruläre Filtration eliminiert wird. **R** = Resorptionsphase, **E** = Eliminationsphase. Eine orale Gabe von 1.0 g liefert im Maximum eine Konzentration von 9 µg/mL, nach 4-6 h von 4-3 µg/mL und nach 8-12 h von 1 µg/mL. – Die gestrichelten Linien zeigen den Verlauf nach wiederholten Gaben ( ) derselben Dosis, wodurch die zur Erreichung der Wirkung erforderliche minimale Wirk-konzentration für längere Zeit überschritten wird.

Wie bekannt entstehen in der Niere in der Minute 125 mL Ultrafiltrat. Dieses Volumen wird bei einer Nierenpassage völlig von Amoxicillin befreit, weil nur 1% des Volumens den Organismus letztendlich verläßt, die darin enthaltene Menge des nicht proteingebundenen Xenobiotikums aber gänzlich. Das von einem Xenobiotikum pro Minute völlig befreite Volumen bezeichnet man als Clearance (Säuberung, Symbol Cl). Für Amoxicillin beträgt die Clearance also etwa 125 mL/min. Dieser minütlichen Säuberung steht das Verteilungsvolumen von insgesamt 14 L gegenüber, in dem sich das Amoxicillin befindet. Das Verhältnis der beiden Parameter liefert das Maß für die Geschwindigkeit der Elimination, die bereits bekannte Proportionalitätskonstante k_e.

$$\frac{Cl}{V_d} = k_e \qquad \left[\frac{Volumen}{Zeit \times Volumen} = \frac{1}{Zeit}\right] \qquad Gl.\,4.3$$

Die Konstante steht mit der biologischen Halbwertzeit, nach deren Ablauf genau die Hälfte des Xenobiotikums den Organismus verlassen hat, in umgekehrt proportionaler Beziehung nach der Gleichung:

$$t_{\frac{1}{2}} = \frac{\ln 2}{k_e} = \frac{V_d \ln 2}{Cl} \qquad \left[\frac{Volumen \times Zeit}{Volumen} = Zeit\right] \qquad Gl.\,4.4$$

Aus den oben angegebenen Zahlenwerten ergibt sich eine Halbwertzeit von etwa 80 min für Amoxicillin. Das bedeutet gleichzeitig, daß das Amoxicillin nur kurzzeitig die erforderliche Konzentration zur Bekämpfung der Bakterien übersteigt. Daher muß durch eine rechtzeitige Gabe einer weiteren Dosis der

Wirkspiegel angehoben werden. Er darf während der gesamten Therapiedauer von etwa fünf bis zehn Tagen diese Grenze nicht unterschreiten. Da die Eliminationsgeschwindigkeit einer gewählten Substanz nicht zu verändern ist, kann nur durch die Höhe der Einzeldosis und die Häufigkeit der Applikation die zu erreichende Konzentration gesteuert werden. Eine Unterbrechung der Wirkung führt an den Bakterien leicht zu einer Auslese und begünstigt die Entstehung von resistenten Stämmen.

Kehren wir in der Betrachtung noch einmal zum Konzentrationsverlauf nach der ersten Amoxicillingabe zurück, zur idealen Bateman-Funktion. Die Fläche unter der gezeigten Kurve (*area under the curve* = AUC) stellt ein Maß für die im Körper vorhandene Substanz dar. Sie wird in der Einheit 'Konzentration × Zeit' (mg × h / mL) angegeben. Kleinere Dosen erzeugen proportional kleinere Flächen. Ein entsprechend angelegter Versuch mit verschiedenen Ampicillin-Präparaten könnte anhand einer Reihe von Konzentrationsmessungen einen Vergleich der Resorbierbarkeit aus verschiedenen Präparaten ermöglichen. Aus den Daten läßt sich die *relative Bioverfügbarkeit* ermitteln als Quotient zwischen der AUC des Testmedikaments und der AUC des Standardmedikaments.

Die besprochenen pharmakokinetischen Parameter lassen sich aus zwei Grundgleichungen ableiten. Die Definitionsgleichung der Konzentration $c_0 = D / V_d$ (vgl. Gleichung 2.8) liefert durch Erweitern mit $1 / k_e$, was mit der Zeitkonstante (T) identisch ist,

$$\frac{D}{Cl} = \frac{D}{V_d k_e} = \frac{c_0}{k_e} = AUC \qquad \left[\frac{Masse \times Zeit}{Volumen} \right] \qquad \text{Gl. 4.5}$$

Hierin ist die Identität $V_d \times k_e = Cl$ enthalten, die mit der Grundgleichung $t_{1/2} \times k_e = \ln 2$ die Beziehung der Gleichung 4.4 ergibt.

4.5 Pathobiochemie

Die Beschreibung und Erklärung von Störungen biochemischer Abläufe im Organismus sind Gegenstand der Pathobiochemie. Vielfach ist die Erkenntnis so weit fortgeschritten, daß das molekulare Geschehen von Stoffwechselstörungen ursächlich erklärt werden kann. Als Fach steht die Pathobiochemie der Inneren Medizin und der Pathophysiologie sehr nahe.

Eine Reihe von Stoffwechselstörungen treten schon im Neugeborenenalter und in der frühen Kindheit auf. Sie äußern sich häufig in schlechtem körperlichen und geistigen Wachstum oder in besonderen Abneigungen. Den Eltern können sie durch typische Urin- und Körpergerüche oder Urinfärbungen auffallen (Tab. 4.2).

Geruch nach / Urinfarbe	Substanz	Krankheit	Tab. 4.2
Mäusen	Phenylacetat	Phenylketonurie	
Maggi	2-Oxoisovaleriansäure	Ahornsirupkrankheit	
Schweißfüßen	Isovaleriansäure	Glutarazidurie	
Katzenurin	3-Hydroxy-Isovaleriansäure	3-Methylcrotonylglycinurie	
Kohl	2-Hydroxy-Butyrat	Tyrosinämie	
ranziger Butter	2-Oxo-4-Methiolbutyrat	Tyrosinämie	
säuerlich	Methylmalonsäure	Methylmalonazidurie	
Schwefel	Hydrogensulfat	Cystinurie	
altem Fisch	Trimethylamin	Trimethylaminurie	
blau	Indigo	Hartnup-Krankheit	
blau-braun	Homogentisat	Alkaptonurie	
braun	Methämoglobinurie	Myoglobinurie	
rot	Hämoglobin	Hämaturie	
rot	Porphyrine	Porphyrie	
(rot	Pyrazolone, Phenolphthalein, Rote Beete	Xenobiotika)	

Im folgenden soll auf eine akute metabolische Erkrankung des Neugeborenen, die Harnstoffzyklusdefekte und deren Therapie näher eingegangen werden. Ein Teil der im Organismus enthaltenen Aminosäuren wird im normalen Stoffwechsel im Rahmen der Energiegewinnung und der Gluconeogenese (nur in Leber und Niere) abgebaut. Es handelt sich beim Erwachsenen um eine Menge zwischen 120 und 130 g/d. Aus jeder Aminosäure wird ein Aminostickstoff freigesetzt. Je nach Grundstruktur der Aminosäuren werden sie entweder über die Transaminase-reaktion in das Glutamat überführt (Abb. 4.7) oder sie erreichen dieses über andere Stoffwechselwege. Die Glutamat-Dehydrogenase setzt aus Glutamat NH_4^+ frei und liefert 2-Oxoglutarat, das erneut als Substrat der Transaminase fungiert. Glycin, Serin, Threonin, Methionin und Cystein werden durch eine Dehydratase in Iminosäuren überführt, die nach Hydrolyse ebenfalls NH_4^+ liefern.

Ammoniak, der als ein Endprodukt des Aminosäurestoffwechsels entsteht, ist in höheren Konzentrationen ($> 10^{-3}$ M) ein starkes Zellgift. Es erhöht auch die Aufnahme von Tryptophan über die Blut-Hirn-Schranke und steigert die Freisetzung des Neurotransmitters Serotonin. Schon der Transport von freiem NH_3/NH_4^+ im Blut wird umgangen, indem Pyruvat mit Ammoniak vorübergehend zu Alanin transaminiert wird und als Transportform dient.

Hauptsächlich in der Leber findet die Entgiftung des Ammoniak im Harnstoff-zyklus statt, einem 1934 von H. A. Krebs und K. Henseleit entdeckten Stoff-wechselprozeß. Harnstoff ist ungeladen, nicht toxisch, leicht membrangängig und wird in der Niere effektiv ausgeschieden, am Tag etwa 25 g.

Wie in Abb. 4.7 dargestellt gehören neben den Ausgangsverbindungen CO_2 und Ammoniak sieben Verbindungen zum Harnstoffzyklus. Ornithin, das mit Carbamoylphosphat zu Citrullin carbamoyliert wird, Argininosuccinat, das unter Energieverbrauch aus Citrullin und Aspartat gebildet und anschließend in Fumarat und Arginin gespalten wird. Arginin selbst liefert durch Hydrolyse Harnstoff und Ornithin, was den Zyklus beendet.

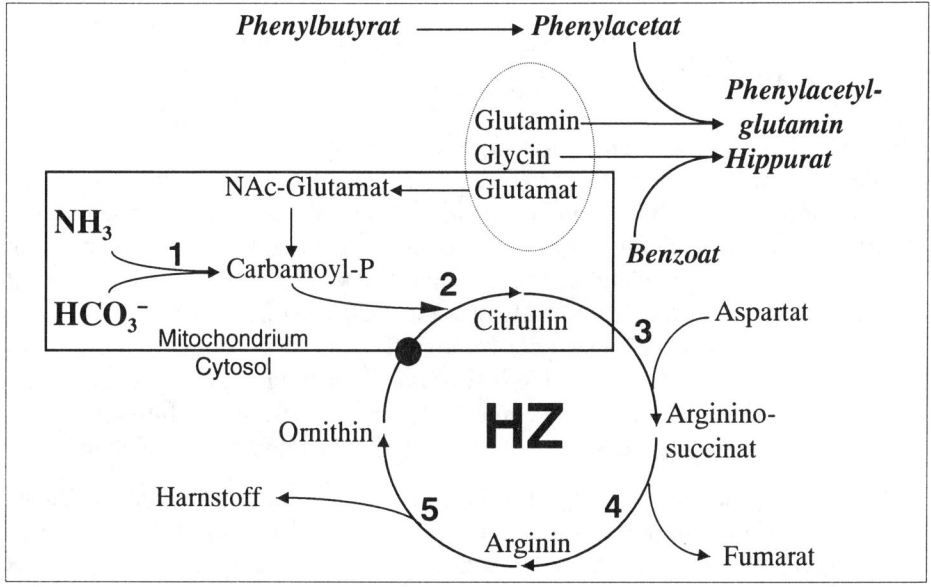

Abb. 4.7: Harnstoffzyklus (HZ) der Leber. NH₃ Ammoniak und HCO₃⁻ Bicarbonat als Edukte. *Benzoat* und *Phenylacetat*, bzw. sein Prodrug *Phenylbutyrat* dienen einer metabolischen Ausschleusung von Stickstoff, ohne den Harnstoffzyklus zu nutzen. NAc = N-Acetyl-, P = Phosphat.

Fünf Enzyme sind an der Harnstoffbildung beteiligt. Da jedes Enzym von einem genetisch bedingten Defekt betroffen sein kann, lassen sich entsprechend fünf verschiedene Störungen unterscheiden. Bis auf die der Ornithin-Carbamoyl-Transferase werden die Defekte autosomal rezessiv vererbt. Die Folge eines Enzymdefektes ist die Anhäufung und Konzentrationserhöhung des jeweiligen Eduktes, was zwangsläufig zu dessen Ausscheidung im Harn führt. So bewirken Ausfälle der Enzyme (1) und (2) eine Hyperammonämie vom Typ I und II. Fehlen die Enzyme (3), (4) oder (5), beobachtet man eine Citrullinämie, eine Argininosuccinatämie oder eine Argininämie.

Symptome der Erkrankungen sind Erbrechen, fehlende Gewichtszunahme und Krampfanfälle. Unbehandelt führen sie teilweise zu Störungen der geistigen Entwicklung. Ein Säugling oder Kleinkind muß bei einer Hyperammonämie unverzüglich behandelt werden. Hierzu verwendet man Natrium-Benzoat, das die Aminosäure Glycin als Hippursäure (1 mol NH₃), und Natrium-Phenylbutyrat

(Buphenyl$^{®}$), das Glutamin als Phenylacetylglutamin (2 mol NH_3) einer renalen Ausscheidung zuführt. L-Arginin und L-Citrullin werden substituiert, um den Mangel der Aminosäuren auszugleichen. Eine proteinarme Kost ist wichtig, damit die vorhandenen metabolischen Kapazitäten nicht überschritten werden.

4.6 Pharmakologie

In der Medizin dreht sich alles um drei große Bereiche: den Körper, die Krankheit und die Arznei. Der Bereitstellung von Arzneistoffen für die Heilkunde diente die Pflanze. Deshalb waren angewandte Botanik, Pflanzenkunde und Pharmakognosie wichtige Gebiete, welche in der *Materia Medica* vereinigt waren. In diesem Fach liegen die Wurzeln der Pharmakologie, einer Teilwissenschaft der Medizin. Mit der Zeit begannen in die Materia Medica auch iatrochemische Prinzipien einzudringen. Man versuchte Essenzen der Naturstoffe zu gewinnen und durch Extraktionen, Erhitzen und Destillieren die Wirksamkeit zu steigern. Anorganische Präparate wurden in den Arzneischatz eingeführt, darunter solche die Antimon, Eisen, Arsen, Gold, Wismut, Quecksilber oder Salze aus Mineralquellen enthielten.

Später folgte eine Aufspaltung des Faches in Botanik und Pharmakognosie einerseits, die beide in der Pharmazie ihre Heimat fanden, und in die Lehre von der Wirkung und Anwendung von Arzneien andererseits. Diese wurde oft als Arzneimittellehre und Rezeptierkunst oder als Pharmakologie bezeichnet.

Die Gründung des ersten Pharmakologischen Instituts erfolgte in Dorpat (Estland) an der deutschsprachigen Kayserlichen Universität durch Zar Nikolaus I im Jahre 1847. An diese Universität wurde der in Bautzen geborene Rudolf Buchheim (1820-1879) als Professor der 'Heilmittellehre, Diätetik und Geschichte der Medizin' berufen. In Deutschland fand 1845 die Institutionalisierung dieses Fachs in Marburg mit der Habilitation von Carl Philipp Falck (1816-1880) für 'Arzneimittellehre und verwandte Fächer' ihren Ausdruck und mündete nach intensiven, zwischenzeitlich beinahe hoffnungslosen Bemühungen schließlich im Jahre 1867 in der Gründung eines eigenen Instituts.

Mit diesen fast gleichzeitig ablaufenden Entwicklungen begann die Eigenständigkeit der später als Pharmakologie bezeichneten Wissenschaft, die sich von der enzyklopädischen Beschäftigung mit der Wirkung von Arzneien löste und stattdessen das wissenschaftliche Experiment zur Grundlage einer rationalen Erforschung der Arzneimittelwirkungen machte.

Die Pharmakologie ist zu trennen von der Toxikologie, welche sich in erster Linie mit potentiell schädlichen Auswirkungen von verschiedensten Stoffen, darunter auch Arzneistoffen, auseinandersetzt (vgl. Abschnitt 4.8).

Die Pharmakologie selbst läßt sich im weitesten Sinne als eine Wissenschaft verstehen, welche sich mit Interaktionen zwischen biologisch wirksamen chemischen Substanzen (Gift, Pharmakon, Xenobiotikum, Arzneistoff) und einem biologischen System (Mensch, Tier, Pflanze, Mikroorganismus, ökologisches System) beschäftigt. Hierbei gibt es zwei Blickrichtungen. Die eine befaßt sich mit der Frage nach dem Schicksal einer chemischen Substanz im biologischen System. Diese Richtung bezeichnet man als 'Pharmakokinetik' (vgl. Abschnitt 4.4). Die andere beschäftigt sich umgekehrt mit den Wirkungen der Substanz auf das biologische System und heißt 'Pharmakodynamik'.

4.7 Pharmakodynamik

Medizinisch verwendete Wirkstoffe werden im Mittel in einer Einzeldosis von 1 mg am Menschen eingesetzt. Legt man eine molekulare Masse von 200 zugrunde, so enthält dieses Quantum 3×10^{18} Moleküle. Der menschliche Organismus besteht aus schätzungsweise 3×10^{13} Zellen. Bei Gleichverteilung kommen rechnerisch auf jede Zelle 10^5 Pharmakonmoleküle. Jede Körperzelle ihrerseits ist aus mindestens 10^{10} Molekülen aufgebaut, so daß letztendlich <u>ein</u> Pharmakonmolekül 100 000 zellulären Molekülen gegenübersteht und in der Lage ist, eine Wirkung auszulösen.

Diese Überschlagsrechnung macht deutlich, daß eine biologisch aktive Substanz, wie beispielsweise das Atropin, im Organismus keine unspezifische Wirkung auslösen kann. Man ist gezwungen anzunehmen, daß es lokalisiert auf den Zelloberflächen hochspezialisierte Moleküle gibt, welche gerade mit diesen Verbindungen in Wechselwirkung treten und die Zellen zu Reaktionen bringen.

Eine Wirkung solcher Art nennt man strukturspezifische Wirkung. Bereits gegen Ende des 19. Jhdt. wurden sowohl von J. N. Langley (1852-1925) wie auch von P. Ehrlich (1854-1915) basierend auf experimentellen Befunden Vorstellungen entwickelt, wie man sich das Zustandekommen einer Wirkung an Organen oder an Bakterien erklären kann. Beide Modelle sahen in der Bindung zwischen Zelloberfläche und chemischer Substanz den wichtigen initialen Schritt, der eine Wirkung erst möglich macht. *Corpora non agunt nisi fixata* - faßt das Prinzip in Worte zusammen. Diesem folgt auch die Auslösung physiologischer Wirkungen mit Hilfe von Überträgerstoffen (Transmitter) über das vegetative Nervensystem.

Parasympathikus und Sympathikus stellen zusammen das vegetative Nervensystem dar. Das autonom, also weitgehend ohne willentliche Beeinflussung arbeitende System hat die Aufgabe, die Funktion der inneren Organe rasch den Bedürfnissen des Organismus anzupassen. Hierbei fällt den beiden Anteilen jeweils eine gegensätzliche Funktion zu, was eine sichere Regelung erlaubt. Während der *Sympathikus* die Organe so beeinflußt, daß Flucht- und Abwehrreaktionen leicht fallen (Erweiterung der Bronchien, Zunahme des Blutdrucks und der Herzfrequenz, Reduktion der Speichelproduktion, Erweiterung der Pupille), begünstigt eine Aktivierung des *Parasympathikus* jene Vorgänge, welche mit der Energieaufnahme zu tun haben (hohe Produktion von Speichel und Bauchspeichel, Zunahme der Peristaltik, Abnahme von Blutdruck und Herzfrequenz, Pupillenverengung).

Erst der Pharmakologe und spätere Nobelpreisträger Otto Loewi (1873-1961) entdeckte bei seinen Untersuchungen am Froschherz die Natur der chemischen Übertragung von nervösen Reizen, welche vom Parasympathikus (*N. vagus*) an das Organ herangetragen werden. In einem Versuch, den er angeblich nach einem Traum in der Osternacht 1921 durchführte, konnte er zeigen, daß das Perfusat eines Herzen, dessen N. vagus für einige Minuten elektrisch gereizt worden war, ein anderes Herz in seiner Schlagfrequenz drastisch dämpfte, wenn man es damit perfundierte. Die Wirkung trat nicht auf, wenn der N. vagus des Spenderherzen nicht gereizt worden war, oder sie verschwand, sobald man das Akzeptorherz mit einer frischen Nährlösung perfundierte. Diese Versuche bewiesen, daß die Informationsübertragung durch eine Substanz humoral übertragen wird und nicht elektrisch. Die Substanz, welche Loewi 'Vagusstoff' nannte, wurde wenig später als Acetylcholin identifiziert.

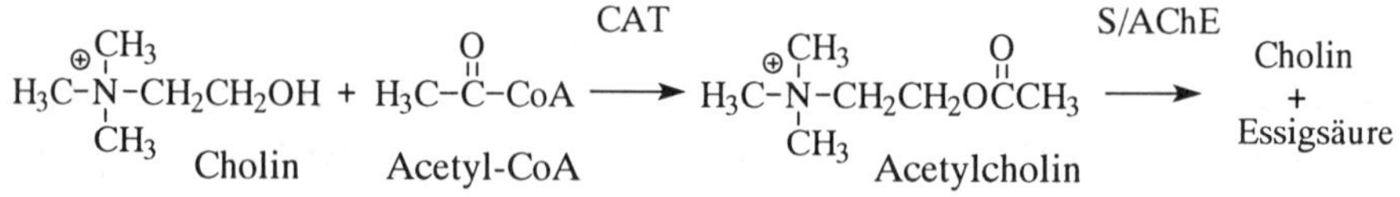

$$\underset{\substack{\text{Cholin}}}{\overset{\oplus}{H_3C}\text{-}\overset{\mid}{N}\text{-}CH_2CH_2OH}_{\underset{CH_3}{\mid}} + \underset{\text{Acetyl-CoA}}{H_3C\text{-}\overset{O}{\overset{\|}{C}}\text{-}CoA} \overset{CAT}{\longrightarrow} \underset{\substack{\text{Acetylcholin}}}{\overset{\oplus}{H_3C}\text{-}\overset{\mid}{N}\text{-}CH_2CH_2O\overset{O}{\overset{\|}{C}}CH_3}_{\underset{CH_3}{\mid}} \overset{S/AChE}{\longrightarrow} \underset{\substack{\text{+}\\\text{Essigsäure}}}{\text{Cholin}}$$

Abb. 4.8: Synthese und Abbau von Acetylcholin (ACh). CoA: Coenzym A, CAT: Cholin-Acetyl-Transferase, S/AChE: Serum-Cholinesterase oder Acetylcholin-Esterase.

Der Überträger Acetylcholin wird in den parasympathischen Nerven gebildet und in Vesikeln von ca. 50 nm Durchmesser gespeichert, welche sich an der Nervenendigung befinden. Wenn ein elektrischer Nervenreiz einläuft, kommt es zu einer Verschmelzung der Vesikel mit der Nervenmembran. Hierdurch wird Acetylcholin frei und erreicht durch Diffusion über den synaptischen Spalt die Oberfläche des Organs, in der sich selektiv für Acetylcholin empfindliche Makromoleküle befinden, die Rezeptoren. Acetylcholin besetzt diese Bindungsstellen und die Information wird in die Zellen des Organs weitergeleitet. Eine enzymatische Spaltung des Acetylcholins beendet die Inaktivierung des Transmitters.

Auch das Auge wird vom vegetativen Nervensystems beeinflußt. Zum Teil sind die Wirkungen an der Pupille zu beobachten. Eine Stimulation durch den Parasympathikus bringt den M. sphincter pupillae zur Kontraktion und löst eine Pupillenverkleinerung oder Miosis aus. Gleichzeitig kontrahiert der Ziliarmuskel, was wegen der Entspannung der Zonula-Fasern zu einer Nah-Akkommodation führt. Der Abfluß des Kammerwassers über den Schlemmschen Kanal ist in diesem Zustand erleichtert.

Diese drei Folgen der Stimulation des Auges durch parasympathische Anteile des N. occulomotorius haben Ähnlichkeit mit dem Zustand einer willkürlichen und nicht dauerhaften Nah-Akkommodation (Abb. 4.1, rechts). Will man dagegen diese Änderungen längere Zeit zur Senkung des Augeninnendruckes aufrecht erhalten, gibt es nur die Möglichkeit, die Wirkung des Parasympathikus nachzuahmen durch den Einsatz von sog. *Parasympathomimetika*.

Einerseits gehören hierzu Substanzen, welche das Acetylcholin so genau imitieren, daß sie als *direkte* Parasympathomimitika unmittelbar am Acetylcholin-Rezeptor als Agonisten angreifen. Zu ihnen zählen Carbachol, Muscarin und Pilocarpin (Abb. 4.9). Diese Substanzen wirken auch, wenn der Nerv kein Acetylcholin enthält. Pilocarpin-Augentropfen dienen der Behandlung des Glaukoms.

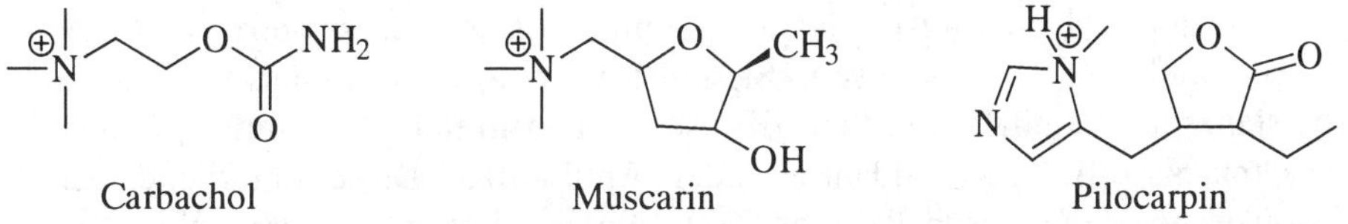

Carbachol   Muscarin   Pilocarpin

Abb. 4.9: Drei direkte Parasympathomimetika, Carbachol, Muscarin, ursprünglich 1870 aus dem Fliegenpilz (*Amanita muscaria*) isoliert, und Pilocarpin, ein Alkaloid aus dem brasilianischen Strauch *Pilocarpus microphyllus*.

Andererseits gibt es die *indirekten* Parasympathomimetika, die durch Blockade der Esterasen den Abbau des Acetylcholins hemmen und dessen Konzentration im synaptischen Spalt erhöhen. Dadurch tritt eine echte Acetylcholinwirkung ein. Zu dieser Gruppe gehören das Physostigmin, dessen Wirkungsmechanismus 1926 von O. Loewi aufgeklärt wurde, und das Paroxon.

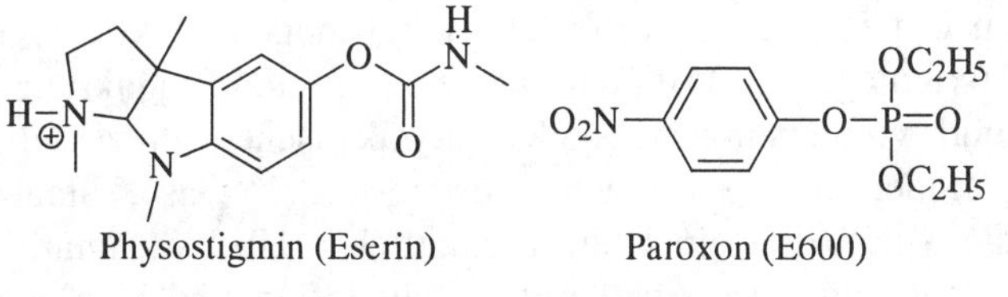

Physostigmin (Eserin)   Paroxon (E600)

Abb. 4.10: Zwei indirekte Parasympathomimetika, Physostigmin aus der Calabarbohne, dem Samen von *Physostigma venenosum*, und Paroxon, ein organischer Phosphorsäureester.

Zum Abschluß sei noch das *Parasympatholytikum* Atropin genannt. Es wirkt gegenüber Acetylcholin als *Antagonist*, indem es den Rezeptor besetzt, ohne eine Wirkung auszulösen. Die Gabe von Atropin-Augentropfen öffnet lange anhaltend die Pupille und führt zu einer Fern-Akkommodation (vgl. Abb. 4.1, links).

4.8 Toxikologie

Die Toxikologie ist eine Wissenschaft, die in beinahe allen Bereichen unseres technisierten Lebens eine immer größere Rolle spielt. Die *Arzneistoff-Toxikologie* stellt ein klassisches Gebiet dar. Hier dreht es sich um die Untersuchung unerwünschter Wirkungen von Arzneistoffen oder Kombinationen derselben, um deren Abhängigkeitspotential, um Vergiftungen durch Arzneimittel infolge Überdosierung oder unsachgemäßen Gebrauchs.

Bei der Entwicklung neuer Wirkstoffe gehören toxikologische Untersuchungen zu den ersten Aufgaben. Ohne diese grundlegenden Daten ist es nicht möglich die Entwicklung in klinischen Studien, also Untersuchungen am Gesunden, später am Kranken, weiter voranzutreiben. Die Daten der Untersuchungen auch aus den Bereichen der Reproduktions- und Gentoxikologie müssen bei der Zulassungsbehörde (BfArM) hinterlegt werden.

Heute kommen die wenigsten Nahrungsmittel auf den Markt ohne in irgendeiner Weise verarbeitet worden zu sein. Sie müssen Transporte und längere Lagerzeiten überstehen und enthalten deshalb Konservierungsmittel, Bindemittel, Farbstoffe, Geschmacksstoffe, Antioxidantien oder Antibiotika. Diese unterliegen in der Europäischen Gemeinschaft einer Kontrolle durch die *Lebensmitteltoxikologie*, welche die Stoffe zuläßt und die E-Nummern vergibt, die auf vielen Nahrungsmitteln zu finden sind. Doch auch Rückstände von Pflanzenschutzmitteln oder von Veterinärarzneimitteln sind auf ihre toxikologischen Eigenschaften für den Verbraucher zu prüfen. Generell birgt der Einsatz von Bioziden (Herbizide, Fungizide, Insektizide und Rodentizide) in der Landwirtschaft Gefahren in sich. Dies betrifft genauso die Langzeitwirkung auf den Verbraucher, was eine Überwachung der Nahrungsmittel erforderlich macht, wie auch die akute Toxizität der Stoffe bei deren unmittelbarer Anwendung.

Den gesamten Bereich der gewerblichen Vergiftungen deckt die Gewerbe- oder industrielle Toxikologie ab. Vor allem in Betrieben und Produktionsverfahren, bei denen aufgrund von chemischen oder physikalischen Prozessen Gefahrstoffe Verwendung finden oder entstehen (Lösungsmittel, Gase, Stäube, Aerosole), unterliegen die Mitarbeiter einer betriebsärztlichen Überwachung. Die *Gewerbetoxikologie* legt die für die Arbeit mit Gefahrstoffen und karzinogenen Stoffen einzuhaltenden Grenzwerte fest (MAK, TRK, BAT) und erarbeitet Vorschriften für geeignete Schutzmaßnahmen.

Die *akzidentelle Toxikologie* beschäftigt sich mit Unfällen, die - zum Teil wegen grober Fahrlässigkeit - durch Giftstoffe ausgelöst wurden und mit dem Mißbrauch solcher Stoffe zu kriminellen Zwecken. Sie tangiert hier das Gebiet der *forensi-*

schen Medizin, die sich um den Nachweis von Giften in Leichen und um die Identifizierung von Substanzen aus Rauschgiftdelikten, Dopingfällen oder Suiziden zu kümmern hat.

Abschließend sei die *Umwelttoxikologie* genannt, die sich mit der chemischen und physikalischen Umweltverschmutzung beschäftigt. Bedingt durch die Industrialisierung, die einerseits einer Vielzahl von Menschen einen hohen Lebensstandard ermöglicht, ergeben sich aus den gleichzeitig entstehenden Mengen an Abfällen, Abwässern (*Aquatische Toxikologie*) und Abgasen ungeahnte Probleme und Herausforderungen. Aus der Tatsache heraus, daß alles vom Menschen Produzierte nach bestimmter Zeit wieder in die Umwelt zurückkehrt, ergibt sich eine besondere Verantwortung für die Herstellung von künstlichen Produkten (Kunststoffe), besonders im Hinblick auf deren Wiederverwendbarkeit und Verwertbarkeit bzw. deren Abbauverhalten in der Umwelt (Persistenz). Als Beispiele können Rückstände von Bioziden (DDT, Dichlordiphenyltrichlorethan), der Ozonabbau durch Treibgase (FCKW) und Quecksilber genannt werden.

Als kleinere Randgebiete der Toxikologie sind noch die *Wehrtoxikologie* und die *Strahlentoxikologie* zu nennen. Beide haben enge Beziehungen einerseits zur Umwelttoxikologie andererseits zur Medizin.

Wie wichtig Untersuchungen zur Reproduktionstoxizität von Arzneistoffen sind, zeigt die Betrachtung des bekannten Contergan-Unglücks, eine der größten Arzneimittelkatastrophen. Thalidomid wurde 1957 erstmals synthetisiert. Es handelt sich um ein Piperidindion, ein substituiertes Phthalsäureimid (Abb. 4.11). Als besonderen Vorzug hatte man seine enorme therapeutische Breite geschätzt, welche eine mißbräuchliche Anwendung des Schlafmittels zum Selbstmord nahezu ausschloß. Unmittelbar nach seiner Ausbietung sind im Rückblick von 1958 bis 1961 weltweit 10 000 Kinder mit Mißbildungen der Gliedmaßen zur Welt gekommen. Bis die ursächliche Verbindung zwischen der Anwendung von Contergan® und der Entstehung der Mißbildungen erkannt war, vergingen also fast vier Jahre. Erst der Hamburger Kinderarzt W. Lenz lenkte in einer 1961 erschienenen Arbeit die Aufmerksamkeit auf diesen Zusammenhang. Nebenbei bemerkt werden weltweit pro Jahr etwa 5 000 Kinder mit Mißbildungen aufgrund einer Alkoholembryopathie geboren.

In sehr bitterer Erfahrung wurde entdeckt, daß nicht nur die Höhe der Dosis sondern auch der Zeitpunkt der Einnahme der Substanz für die Auslösung von Mißbildungen, die man als teratogene Wirkung bezeichnet (τέρας = Ungeheuer), entscheidend ist. Thalidomid, verabreicht in der Phase der Organogenese, die sich beim Menschen von der 3. bis 9. Woche nach der Konzeption erstreckt, ruft schwere morphologische Anomalien an den Extremitäten (Phokomelien) hervor. War die Substanz außerhalb dieser sog. sensiblen oder kritischen Phase eingenommen worden, wurden keine Schäden beobachtet. Reproduktionstoxikologische Untersuchungen an Tieren sind für neue Wirkstoffe aufgrund dieser Erkenntnisse zur Pflicht geworden.

Die nächste Frage, warum nur Mißbildungen der Extremitäten beobachtet wurden, konnte mit biochemischen Methoden weitgehend aufgeklärt werden. Zum besseren Verständnis sei ein kleiner Exkurs in die Biosynthese des Kollagens eingeschoben. Kollagen, von dem es fünf Typen gibt, ist das wichtigste Protein des Bindegewebes und ein Vorläufer der Knochenbildung. Zunächst werden in den Bindegewebszellen sehr lange Polypeptidketten von etwa 1400 Aminosäuren gebildet, die sich durch eine über größere Bereiche regelmäßige Wiederholung der Sequenz L-Pro-L-Pro-L-Gly auszeichnen. Danach erfolgt durch eine Hydroxylase die Hydroxylierung der Prolinreste. Diese ist wichtig für die spätere Festigkeit einer sich aus drei gleichen Proteinketten bildenden Tripelhelix, welche die Grundeinheit des Kollagens (Monomer 280 nm Länge, 1.4 nm Dicke) darstellt.

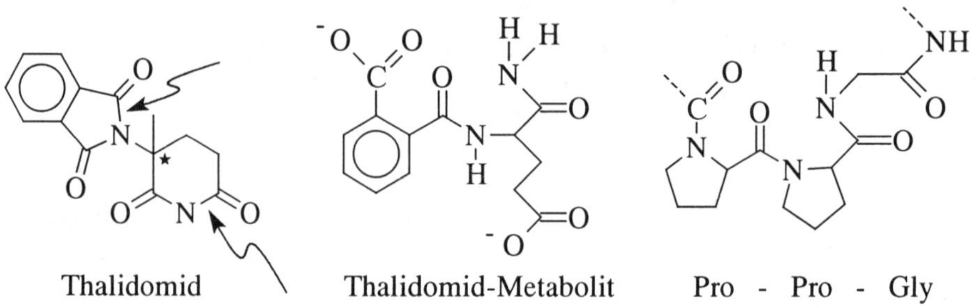

Thalidomid   Thalidomid-Metabolit   Pro - Pro - Gly

Abb. 4.11: Chemische Struktur des Thalidomid (Contergan®), das wegen eines optisch aktiven Zentrums * in zwei Enantiomeren vorkommt. Daneben der Metabolit 4-(o-Carboxybenzamido)-glutamat, der durch zwei Ringöffnungen entsteht. Einer seiner Antipoden hat räumliche Ähnlichkeit zu der Sequenz Pro-Pro-Gly aus dem Prokollagenmolekül, weswegen er die Prolinhydroxylase blockieren kann. Pro = Prolin, Gly = Glycin.

Thalidomid unterliegt im Organismus einer Biotransformation, die durch Öffnung des Carbimids zum 4-(o-Carboxybenzamido)-glutamat führt. Sowohl die Ausgangsverbindung wie auch der Metabolit besitzen ein asymmetrisches Kohlenstoffatom und kommen deshalb als Racemat vor. Eines der Enantiomere weist die gleiche räumliche Konfiguration auf wie die im Prokollagen vorkommende Sequenz L-Pro-L-Pro-L-Gly, welche hydroxyliert werden muß. Ist der Metabolit anwesend, wird die Hydroxylase in ihrer Funktion gehemmt und es bildet sich kein stabiles Kollagen aus. Dies wird als Ursache für die Phokomelien angesehen. Gleichzeitig ist es ein Grund für den wachsenden Einsatz von Thalidomid zur Unterdrückung der Geschwürbildung bei Lepra und Aids sowie der tumorbedingten Gefäßneubildung.

5 Die Arzneimittel

Wirkstoffe lassen sich in den seltensten Fällen unverarbeitet zur Behandlung des Kranken anwenden. Sofern die Einzeldosis nicht zu klein ist, könnte man feste Wirkstoffe oral einnehmen. Aber schon stören entweder der bittere Geschmack, die lokalanästhetische Wirkung auf der Zunge, die elektrostatische Aufladung des Pulvers oder seine Unbenetzbarkeit mit Wasser. Hygroskopische Stoffe bringen zusätzliche Schwierigkeiten bei der Lagerung mit sich. Ein Wirkstoff, soll er sicher und reproduzierbar appliziert werden können, muß erst zu einem Arzneimittel geformt werden. Der Bereitstellung der hierzu erforderlichen Kenntnisse und der Entwicklung der Herstellungsverfahren dient die 'Pharmazeutische Technologie', die auch galenische Pharmazie oder Galenik genannt wird. Diese Bezeichnung geht zurück auf Claudius Galenus (129-199), der aus Pergamon in Kleinasien stammte und als Arzt in Rom tätig war. In seinen medizinischen Schriften beschrieb Galenus die Herstellung von etwa 500 Arzneimitteln pflanzlichen Ursprungs, die in Abhängigkeit von Krankheitszustand in Zusammensetzung und Intensität variierten. Diese Arzneien spielten bis ins 17. Jhdt. als 'galenische' Arzneimittel eine wichtige Rolle.

5.1 Pharmazeutische Technologie (Galenik)

Ein *Arzneimittel* besteht in der Regel aus einem *Wirkstoff* (Arzneistoff, Pharmakon) und einer größeren Anzahl von *Hilfsstoffen*, welche die Herstellung der gewählten *Arzneiform* (Formulierung, Darreichungsform) ermöglicht. Hilfsstoffe, von denen derzeit ungefähr 6000 Verwendung finden, gewährleisten die Haltbarkeit des Arzneimittels, die Freisetzung des Wirkstoffs nach der Anwendung und dienen der Korrektur von Geruch, Geschmack und Aussehen. Eine *Verpackung* (primär und sekundär) mit *Gebrauchsinformation* machen aus dem Arzneimittel ein zum Handel zugelassenes Produkt (Fertigarzneimittel).

Die Art der Anwendung eines Arzneimittels bestimmt weitgehend die Wahl seiner Arzneiform. Möglichkeiten der Applikation und zugehörige Arzneiformen sind in Tab. 5.1 zusammengestellt. Der Arzneistoff gelangt entweder über Grenzflächen an den Wirkort oder wird in das Körperinnere injiziert. Durch die Arzneiform hat man über die Geschwindigkeit der Freisetzung des Wirkstoffs und der sich daran eventuell anschließenden Resorption einen gewissen steuernden Einfluß auf den Eintritt und die Dauer der systemischen Wirkung und kann unter Umständen die Verträglichkeit verbessern.

Applikationsweg		Arzneiform		Wirkung
• *über Körpergrenzflächen*				
Haut cutan (äußerlich)		Salbe, Creme, Emulsion, Paste, Puder,		top
		Liniment, Pflaster, TTS		sys
Schleimhäute				
buccal, sublingual		Sublingualtablette, Zerbeißkapsel		top
oral, per os	(p.o.)	Tablette, Pulver, Dragee, Kapsel, Granulat,		
(= enteral)		Brausetablette, Lösung, Saft, Suspension,		
(innerlich)		Retardtablette, Matrixtablette, Sirup		
rectal, vaginal		Zäpfchen (Suppositorium), Globulus		sys/top
pulmonal, per inhalationem		Aerosol, Inhalat, Staub, Rauch, Gas		top/sys
konjunktival (äußerlich)		Augentropfen, -salbe, Insert (OTS)	(steril)	top
nasal (äußerlich)		Nasentropfen, Nasensalbe		top
• *in das Körperinnere* (parenteral)				
ohne Resorption				
intravenös	(i.v.)	Injektions-/Infusionslsg.	(steril, pyrogenfrei)	sys
mit Resorption				
intraperitoneal	(i.p.)	Infusionslösung	(steril, pyrogenfrei)	sys
intramuskulär	(i.m.)	Kristallsuspension	(steril, pyrogenfrei)	sys
subcutan	(s.c.)	Injektionslösung	(steril, pyrogenfrei)	sys

Tab. 5.1: Applikationswege und zugehörige Arzneiformen. TTS = transdermales therapeutisches System, OTS okulares therap. System. Aerosole und Stäube müssen in Inhalatoren erzeugt werden, Rauch mit Hilfe einer Zigarette. Zur Verpackung von Injektionslösungen dienen Ampullen. top = topische Wirkung, sys = systemische Wirkung.

Zur Herstellung von Arzneimitteln nutzt man Verfahren wie Zerkleinern, Sieben, Mischen, Trocknen, Lösen, Schmelzen und Pressen. Die wissenschaftliche Durchdringung des in erster Linie handwerklichen Gebietes macht jedoch eine genaue Charakterisierung der Eigenschaften der verwendeten Materialien und Produkte durch physikalische und physikalisch-chemische Kenngrößen erforderlich. Hierdurch gelingen Vergleiche verschiedener Techniken.

Eine der basalen technologischen Grundoperationen ist das *Zerkleinern* von Feststoffen. Die Arbeit läßt sich von Hand mit einem Eisenmörser oder Porzellanreibschalen und zugehörigem Pistill durchführen. Erleichtern läßt sie sich durch Geräte wie Kollergänge, Brecher, Kugelmühlen, Scheibenmühlen oder Strahlmühlen, die je nach angestrebtem Zerteilungsgrad ausgewählt werden.

Der Effekt des Zerkleinerns gibt sich durch Bestimmung der *Korngröße* zu erkennen. Dies geschieht durch die *Siebanalyse* unter Verwendung von Standardsieben festgelegter Maschenweite. Kleinere Partikel analysiert man durch Sedimentation im Andreasen-Zylinder, durch Sedimentationsabscheider (vgl. Johannesburger Konvention für inhalierbare Stäube von 1959), Streulichtverfahren oder im Mikroskop. Entscheidend für die Homogenität ist die *Korngrößenverteilung*, welche die Häufigkeit der Partikeldurchmesser in Relation zur Gesamtmenge angibt. Als Partikeldurchmesser dienen sog. Äquivalentdurchmesser, die vom jeweiligen Meßverfahren abhängig sind, sich also auf die Gleichheit der Projektionsfläche, des Volumens oder des aerodynamischen Verhaltens beziehen.

Die Korngröße und deren Verteilung haben mit der Kristallstruktur, der Leitfähigkeit und hygroskopischen Eigenschaften über die Fließ- und Rieselfähigkeit des Materials Einfluß auf dessen scheinbare Dichte. Häufig wird zur Charakterisierung von Haufwerken die *Schüttdichte* (g/mL) oder deren reziprokes Maß, das *Schüttvolumen* (mL/g) bestimmt. Eine besonders kleine Schüttdichte weist die hochdisperse Kieselsäure auf (Aerosil 200®), die bei nur 60 mg/mL liegt. Parallel zur Schüttdichte kann auch die *Stampfdichte* (g/mL) angegeben werden, die in einem normierten Rüttelverfahren in einem graduierten Zylinder ermittelt wird. Die *Porosität* eines Materials läßt sich durch den Widerstand für durchgeleitete Luft feststellen.

Keinesfalls bleibt die Korngröße im Verlauf von Herstellungsverfahren unveränderlich. Zum Beispiel treten bei der Tablettenherstellung Drucke auf, welche aufgrund der Wärmeentwicklung durch Änderung des Kristallgefüges Sintervorgänge, also ein Zusammenbacken, auslösen. Die innige Vermengung fein verteilter Wirkstoffe kann auch zur Bildung eutektischer Gemische führen. Wenn der Schmelzpunkt des Eutektikums unter der Bearbeitungstemperatur liegt, tritt sogar eine Verflüssigung der Materialien ein.

Sofern Festsubstanzen nicht in Tabletten oder Kapseln direkt verarbeitet werden können, müssen sie in der Regel aufgelöst werden. Dann ist die *Löslichkeit* des Materials in Wasser oder in organischen Lösungsmitteln wichtig, besonders solchen, die biologisch kompatibel sind. In den Monographien der Arzneibücher finden sich hierzu nähere Angaben. Die Löslichkeit variiert von 'praktisch unlöslich', wenn 1 Teil Substanz mehr als 10 000 Teile Flüssigkeit zum Auflösen benötigt, bis zu 'sehr leicht löslich', wenn bereits 1 Teil ausreicht. Die Schnelligkeit des Auflösevorgangs ist von der Temperatur des Mediums und vom Zerkleinerungsgrad der Substanz abhängig. Besonders bei schlecht löslichen Substanzen ist die *Lösungsgeschwindigkeit* fast ausschließlich von der Partikelgröße abhängig (Gesetze von Noyes-Whitney und Nernst). Eine Zerkleinerung der Partikel bis zur Mikronisierung (µm) fördert deshalb die Lösungsgeschwindigkeit beachtlich. Ultraschall kann sowohl das Zerfallen der Partikel begünstigen als auch die ihnen anhaftende Luft abreißen, so daß die Benetzung verbessert und der Lösungsvorgang beschleunigt wird. Gelöste Substanzen sind dem Einfluß von Licht ausgesetzt. Deshalb interessieren ihre Lichtabsorption besonders im ultravioletten Bereich und ihre Photostabilität.

Von biologischer Bedeutung ist der *Verteilungskoeffizient* einer Substanz, der mit ihrer Löslichkeit in verschiedenen Lösungsmitteln zusammenhängt (siehe Abschnitt 2.2). Hierunter versteht man das Verhältnis derjenigen Konzentrationen, die sich im Gleichgewicht zwischen einer mit Wasser nicht mischbaren lipophilen und einer wäßrigen Phase ausbilden (VK = c_L / c_W). Dieses Verhältnis stellt ein Maß für die Lipophilie einer Substanz dar. Es drückt ihr Bestreben aus, sich in einem organischen Lösungsmittel aufzuhalten. Substanzen mit einem hohen Verteilungskoeffizient werden in der Regel über Grenzflächen des Organismus leicht aufgenommen (resorbiert). Zur Simulation des an der Resorption mit ungefähr 100 m^2 Oberfläche maßgeblich beteiligten Magen-Darmtrakts (Gastro-Intestinaltrakt) verwendet man meist Amylacetat oder n-Octanol als organische Phase.

Bei der Herstellung von Arzneimitteln dürfen trotz der vielen Meßparameter die sensorisch wahrnehmbaren Eigenschaften von Wirkstoffen wie Geschmack, Geruch und Farbe nicht ganz vergessen werden. Ein unangenehmer Geruch oder bitterer Geschmack ist bei oralen Arzneiformen nicht willkommen. Wenn es nicht durch chemische Derivatisierung wie bei dem Reserveantibiotikum Chloramphenicol gelingt, das Bittere zu nehmen, können Überzüge oder auch Geschmackstoffe eingesetzt werden, um ein akzeptables Arzneimittel zu erhalten.

5.2 Kapseln

Die Herstellung von Pillen (pilulae) durch den Apotheker mit Hilfe eines Pillenbrettes war lange Zeit eine typisch pharmazeutische Tätigkeit. Pillen wurden mit einer aus Hefeextrakten oder gepulvertem Süßholz, Wirkstoffen und Glycerin zusammengesetzten Masse 'gedreht'. Hierzu zerteilte man die plastische, zu einem gleichmäßig dicken Strang geformte Masse auf einem mit 25 oder 30 halbrunden Rillen versehenen metallischen Abteiler zu kugeligen Portionen von jeweils etwa 0,1 g. Während dieser Arzneiform in Notzeiten noch eine gewisse Bedeutung zukam, wurde sie schon mit Erscheinen des DAB7 (1968) als obsolet angesehen.

Neben Pastilli, Tabulettae (Täfelchen), Rotulae, Platulae (Plättchen), Zeltchen, Trochisci und Pulver waren auch Pillen eine Methode, eine Arzneiform für eine orale Einnahme mit bekanntem Gehalt an Arzneistoff herzustellen. Alle genannten Formen wollen die gleichmäßige Verteilung eines Wirkstoffs auf die in einem Arbeitsgang hergestellten einzeldosierten Arzneiformen erreichen (Gehaltsgleichförmigkeit). Die Trägermaterialien seien es Zucker, Stärke, Tragant, Pasta Cacao dienen dazu, den Wirkstoff aufgrund der zusätzlichen Masse sicher aufteilbar zu machen und ihm eine gewisse Haltbarkeit zu verleihen.

Die Herstellung von Tabletten und den verwandten Dragees setzt eine aufwendige Technologie voraus, die ohne den Einsatz entsprechender Tablettenpressen und Dragierkessel nicht durchzuführen ist. Sie eignet sich wegen des Aufwandes nur für größere Mengen. Im Apothekenalltag kommt es dagegen häufig vor, daß vom Arzt kleine Mengen von etwa hundert Einheiten eines oral einzunehmenden Wirkstoffes verschrieben werden. Diese Aufgabe ließe sich durch Auswägen oder Abmessen von Pulvern lösen, sofern der Wirkstoff ein geeignetes Schüttvolumen aufweist und andere Eigenschaften dieses Verfahren erlauben. Andererseits bietet sich als elegante und zeitgemäße Technik die Füllung von Steckkapseln aus Hartgelatine für den Rezepturmaßstab an.

Der Apotheker kann auf vorgefertigte Leerkapseln zurückgreifen. Die Herstellung der Leerkapseln erfolgt nach einem Tauchverfahren, das im Prinzip schon 1833 der französische Apotheker Mothes erfunden hatte. Hierzu werden heutzutage genormte hochpräzise Stifte aus Edelstahl in ein Gelatinebad eingetaucht und unter kontrollierten Bedingungen langsam wieder herausgezogen. Der dabei anhaftende Gelatineüberzug erhärtet beim Abkühlen und kann als Rohling abgezogen und auf die korrekte Länge geschnitten werden. Auf diese Weise stellt man passgenaue Unter- und Oberteile der Steckkapseln her. Meist ist die Gelatine weiß-opak eingefärbt, so daß sie undurchsichtig ist. Unterteile und Kappen werden je nach Bedarf auch mit verschiedenen Pigmenten gefärbt und locker zusammengesteckt (vorverschlossen) in acht verschiedenen Größen in den Handel gebracht (Tab. 5.2).

| Kapselgröße | Unterteil |
Code	Volumen (mL)
000	1.37
00	.95
0	.68
1	.50
2	.37
3	.30
4	.21
5	.13

Tab. 5.2: Die acht Größen und die Abmessungen der Steckkapseln aus Hartgelatine sind international genormt. Sie werden mit patentierten Verschlußsystemen wie Snap-Fit® oder Coni-Snap® hergestellt. Diese bestehen aus einer zueinander komplementären Anordnung von Rillen an Unterteil und Kappe.

Zum Füllen kleinerer Chargen von Kapseln für Rezepturzwecke benutzt man in der Regel ein Handfüllgerät (Kapselfüllgerät-Aponorm®), das bis zu 60 Kapseln aufnehmen kann. Es besteht aus drei Kunststoffplatten mit 6 × 10 Bohrungen der entsprechenden Größe, die in festgelegter Reihenfolge in das Gerät einzulegen sind (Abb. 5.1). Die Leerkapseln werden mit ihrem Unterteil nach unten in die Löcher eingesteckt (1). Durch gegenseitiges Verschieben der mittleren und der unteren Lochplatte mit Hilfe zweier Rändelschrauben werden alle Unterteile der Kapseln festgeklemmt (2). In diesem Zustand ist es möglich, die Oberteile der

Kapseln, die auf einem um 0.1 mm vorstehenden Rand der oberen Lochplatte ruhen, zusammen mit dieser abzuheben (2). Das Herausfallen der Kappen nach oben verhindert eine nichtgelochte Deckplatte. Die Unterteile stehen nach Lösen der mittleren Platte nach oben bündig im Gerät und können mit dem Füllgut beschickt werden (3). Danach werden die abgehobenen Kappen wieder aufgesetzt (4) und die Unterteile mit Hilfe einer Grundplatte durch leichten Druck von unten in sie hineingedrückt (5). Nach Umdrehen der Füllaparatur schließt ein Druck mit der Fingerkuppe auf die Kapsel von unten diese völlig (6). Das Auswerfen der Kapseln erfolgt nach Öffnen des Deckels nach oben (7).

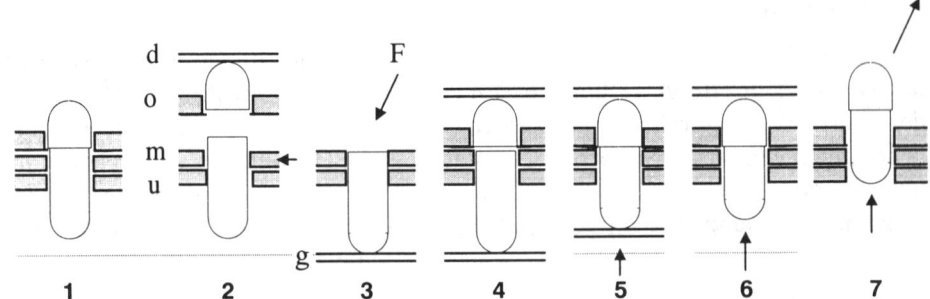

Abb. 5.1: Arbeitsschritte beim Füllen von Steckkapseln mit Hilfe eines Füllgerätes. o = obere Lochplatte mit Rand, m = mittlere Lochplatte mit Schrauben seitlich verschiebbar (←), u = untere Lochplatte, g = Grundplatte, d = Deckplatte, F = Füllung. Für den Arbeitsschritt 6 wird das Kapselbrett umgedreht.

Die Kapselunterteile stellen ein bekanntes Volumen dar, das der Füllung zur Verfügung steht. In wenigen Sonderfällen reicht das Schütt- bzw. Stampfvolumen des Arzneistoffs gerade aus, alle Unterteile restlos auszufüllen. Dann enthalten alle Kapseln die gleiche Menge an Arzneistoff. Ist dessen Volumen aber geringer, muß das fehlende Volumen durch ein indifferentes Füllmittel, meist Milchzucker oder Stärke, ergänzt werden.

Nach dem Herstellungsprozeß müssen alle Unterteile mit der homogenen Mischung völlig und restlos gefüllt sein, denn sonst ist die Gleichheit der Dosierung nicht gegeben. Die Dosierungsgenauigkeit liegt bei etwa ±5%. Sie ist im wesentlichen abhängig von der gleichmäßigen Füllung aller Unterteile und einem behutsamen Verdichten des bereits eingefüllten Materials. Die Homogenität der Mischung ist ebenfalls unabdingbare Voraussetzung für die Gehaltsgleichförmigkeit. Die Mischgüte darf während der Verarbeitung nicht durch Entmischung abnehmen. Außerdem ist es einsichtig, daß mit sinkender Wirkstoffdosis in der Kapsel (oder Tablette) die Wirkstoffpartikel auch kleiner werden müssen, um die Gehaltsgleichförmigkeit (content uniformity) zu gewährleisten.

Wirkstoffdosis (mg)	Grenzpartikelgröße (μm)
10.0	125
5.0	95
1.0	54
0.1	25

Tab. 5.3: Partikelgröße, Wirkstoffdosis und Tablettenmasse sind voneinander abhängig. Die angegebenen Werte gelten nur für eine Tablette von 100 mg.

Ein ähnliches Problem stellt sich bei der Herstellung von Zäpfchen. Auch hier hat die fertige Arzneiform ein unveränderliches Endvolumen. Dieses müssen der Arzneistoff und das Hartfett als Träger zusammen, völlig und restlos ausfüllen. Nur so ist möglich, daß alle hergestellten Zäpfchen die gleiche Menge an Arzneistoff enthalten.

Vor den Arbeiten sind die Hände mit einem geeigneten Desinfektionsmittel zu desinfizieren. Sofern die Substanzeigenschaften dies erforderlich machen, sollte man Vorsichtsmaßnahmen (Lichtschutz, Vermeidung von Hautkontakt und Staubentwicklung, Atemschutz) ergreifen. Eventuell gehört hierzu auch das Entstauben der fertigen Kapseln vor der Abgabe an den Patienten.

Für die industrielle Produktion von Kapseln stehen andere und schnellere Füllmethoden zu Verfügung, die bis zu 200 000 Stück in der Stunde leisten.

5.3 Tabletten

Die Tablette stellt eine sehr verbreitete Arzneiform dar, die überwiegend einer oralen oder buccalen Applikation dient. Während sich 'Tablette, tablet' vom lateinischen *'tabuletta'* ableitet, was Brettchen oder Täfelchen bedeutet, findet sich in der Bezeichnung anderer Sprachen wie 'comprimée' oder 'compressus' der Hinweis auf die Komprimierung des Materials bei ihrer Herstellung, die man seit der Erfindung der Tablettenpresse 1843 durch Brockedon betreibt. Hierbei wird ein konstantes Volumen von Substanzteilchen verwendet, das in der Matrize einer Tablettenpresse vorgelegt und von einem Stempelpaar (Ober- und Unterstempel) einem kurzen von beiden Seiten wirkenden Druck von 500 bis 1000 MPa ausgesetzt wird. Rundläuferpressen besorgen diesen Arbeitsschritt mit einem Ausstoß von über 100 000 Tabletten in der Stunde. Die Form von Stempelpaar und Matrize bedingt die äußere Gestalt der Tablette. Sie kann rund, oval, flach, biplan, facettiert, gewölbt und geprägt sein und auch eine Bruchrille aufweisen. Ihr Durchmesser liegt in der Regel zwischen 5 und 17 mm, ihre Masse zwischen 0.1 und 1 g. Nicht ohne weiteres ist jedoch vom Äußeren auf den inneren Aufbau einer Tablette zu schließen. So gibt es Schichttabletten mit einem mehrschichtigen Aufbau oder Manteltabletten, die einen Kern anderer Struktur enthalten. Tabletten lassen sich auch überziehen. Mit filmbildenden Polymeren erhält man Film- oder

Lacktabletten, mit (gefärbtem) Zucker liefern stark gewölbte Komprimate oder Drageekerne die bekannten Dragees. Eine interessante Aufgabe der forensischen Medizin ist zuweilen, orale Darreichungsformen schnell anhand ihrer Form zu identifizieren oder einzukreisen, um danach eine gezielte chemische Analyse durchzuführen. Hierzu gibt es Listen, welche Durchmesser, Dicke, Masse, Farbe, Prägung, Facettierung von ca. 5000 Tabletten und Dragees enthalten.

Ähnlich wie Kapseln können Tabletten selten allein aus dem Arzneistoff gepresst werden. Zusätzlich bedarf es substantieller Füll- und Bindemittel, welche die erforderliche Masse und Festigkeit des Produkts liefern (Tab. 5.4). Um Tabletten mit optimalen und auf ihre Verwendung hin zugeschnittenen Eigenschaften zu erhalten, müssen gegebenenfalls Zerfalls- und Feuchthaltemittel verwendet werden. Die Verbesserung des mechanischen Verhaltens der Tablettenmasse während der Tablettierung erfordert außerdem die Einarbeitung von verschiedenen Gleitmitteln. Von einer Direkttablettierung spricht man, wenn alle Materialien ohne vorherige Granulatherstellung zur Tablettierung eingesetzt werden.

Bezeichnung	Aufgabe	Substanzen
Füllmittel	liefern erforderliche Masse und Volumen	Stärke, Lactose, Glucose, Mannitol, Levulose, NaCl
Bindemittel	beeinflussen Festigkeit und Zerfall	Stärke, Zucker, Gelatine, Cellulosederivate, arab. Gummi, Tragant
Fließregulierungs-mittel	erhöhen Gleit- und Rieselfähigkeit zur Füllung der Matrize	Talk < 3%, Ca- und Mg-Stearat, Aerosil
Schmiermittel	verringern die Reibung Metall/ Tablette und Stempel/Matrize	Talk (silikonisiert), Ca- und Mg-Stearat
Formtrennmittel	verringern das Kleben der Masse an Metallflächen	Talk, Stearinsäure und Salze, Paraffin, Cetylalkohol, hydr. Fette
Zerfallsmittel	beschleunigen den Zerfall durch Quellen, Gasentwicklung oder bessere Benetzbarkeit	Alginsäure/-Salze, Formaldehyd-Gelatine, mikrokrist. Cellulose; $NaHCO_3$; Na-Cetylsulfat, Tween
Feuchthaltemittel	bewahren eine Restfeuchte	Glycerol, Stärke, Sorbitol

Tab. 5.4: Substantielle Komponenten, Hilfskomponenten (Gleitmittel) und Modifikatoren und deren Funktion bei der Tablettierung.

Die Prüfung von Tabletten erfaßt chemisch die Dosierungsgenauigkeit. Parameter wie Durchschnittsmasse, Massenabweichung, Druck- und Biegefestigkeit, Verschleißfestigkeit durch Schütteln, Rollen oder Fallen charakterisieren das Produkt physikalisch und mechanisch. Biologisch wichtig ist das Zerfallen der Tablette in Wasser oder künstlichem Magensaft bei 37°C, was eine wesentliche Voraussetzung für die zügige Freigabe des Wirkstoffs ist.

Zum Überziehen von Drageekernen dient Zuckersirup, der zum Erzeugen mehrerer dünner Zuckerschichten (10-14 µm) portionsweise in rotierenden Dragierkesseln auf die Kerne aufgetragen wird, nachdem man diese mit einem Schutzüberzug imprägniert hatte. Die letzten Zuckerschichten werden oft mit den Pigmenten Titandioxid, Ocker oder Umbra (5-10 µm Teilchengröße) gefärbt. Abschließend werden die Dragees geglättet und poliert.

Da Zuckerdragierungen viel Zeit beanspruchen, nutzt man gerne die Filmdragierung. Hierzu dienen Materialien wie die verschiedenen Eudragit-Typen und Celluloseacetatphthalate, die sich durch unterschiedliches Quell- und Lösungsverhalten im Magen-Darmtrakt ausweisen. Mit ihrer Hilfe lassen sich Überzüge bilden, die zu magensaftresistenten-dünndarmlöslichen Präparaten führen, und solchen, die Wirkstoffe verzögert freigeben.

5.4 Salben

Salben spielten in der Menschheitsgeschichte vor allem als wohlriechende Körperpflegemittel eine große Rolle. Hippokrates (460-377 v. Chr.) und Galenus haben Salben zur Heilung von Krankheiten angewendet. Sie bestanden ursprünglich aus tierischen Fetten und pflanzlichen Ölen und enthielten pflanzliche Wirkstoffe.

Seit Einführung der Vaseline (1878) und des gereinigten Wollwachses (1885) ergaben sich neue Möglichkeiten für die Salbenherstellung. Eine Salbe, lateinisch 'unguentum' von 'ungere' bestreichen (franz. onguent), wird nach neuer wissenschaftlicher Terminologie der Ph. Eur. als 'halbfeste Arzneiform zur kutanen Anwendung' bezeichnet. Die Wortschöpfung läßt erahnen, daß sich dahinter eine Vielzahl von verschiedenen galenischen Typen von Salben verbergen. In der Systematik unterscheidet man zwischen hydrophoben und hydrophilen Salben, Wasser-in-Öl- und Öl-in-Wasser-Cremes, Hydro- und Oleo-Gelen sowie Pasten, die einen hohen Feststoffanteil aufweisen.

Im allgemeinen besteht eine salbenartige Zubereitung aus hydrophoben Grundstoffen wie Paraffinen, Triglyceriden (Fetten) und Wachsen, aus hydrophilen Grundstoffen wie ein- und mehrwertigen Alkoholen, Polyethylenglycolen und Wasser selbst, sowie aus kleinen Mengen von Hilfsstoffen wie Emulgatoren, Antioxidantien und Konservierungsmitteln und dem eingearbeiteten Wirkstoff. Dieser kann gelöst, emulgiert oder suspendiert in der Zubereitung enthalten sein. An halbfesten Zubereitungen lassen sich zur physikalischen Charakterisierung die Spreitung, Viskosität, Konsistenz, Duktilität und das rheologische Verhalten in Form der Thixotropie (Verflüssigung durch Bewegen) und Rheopexie (Verfestigung durch Bewegen) messen.

Für die Zubereitung von Salben gleich welchen galenischen Typs gibt es seit alters her das klassische Verfahren
des Salbenrührens mit Pistill und Schale. Kleinere Mengen
lassen sich auch unter Verwendung eines Spatels oder
Porphyrisators (Reibestein) und einer von unten beleuch-
teten, angerauten Glasplatte herstellen. Beide Arbeits-
weisen zur Herstellung von Individualrezepturen beruhen
auf dem wiederholten Spreiten des Materials durch Scher-
kräfte, das bis zur Erreichung einer Homogenität fort-
geführt wird. Hierin liegt der relativ hohe Zeitaufwand
begründet. Da man in einem offenen System arbeitet, ist
eine bakterielle Kontamination nicht auszuschließen.
Beide Gründe haben zur Entwicklung neuer Techniken geführt, von denen das Unguator®-Rührsystem (Abb. 5.2)
näher vorgestellt werden soll.

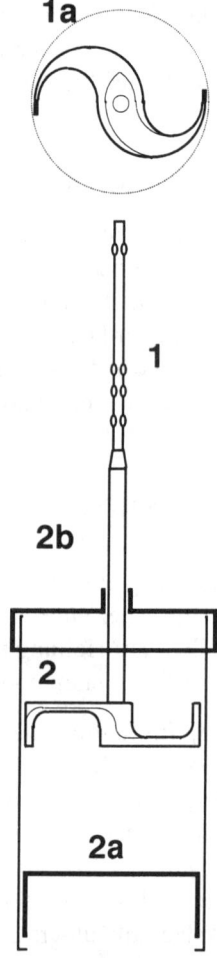

Das Verfahren basiert auf der Verwendung von drei
aufeinander abgestimmten Elementen: dem Flügelrührer
(1,1a), der Kruke (2) und dem Rührwerk. Letzteres ist ein
in Stufen regelbarer Elektromotor (max. 2100 Upm,
150 W), der in einem festen oben überhängenden Ständer
eingebaut ist. Kernstück des Systems ist der Flügelrührer
aus Delrin, einem elastischen Polymer, dessen Bemessung
und Form es erlauben, jede Stelle der Krukeninnenfläche,
Boden und Deckel eingeschlossen, zu erreichen. Die
Kruken aus Polypropylen, die als Misch- und Abgabe-
gefäß dienen, haben einen verschiebbaren Boden (2a) und
lassen sich durch einen Schraubdeckel (2b) verschließen.
Dessen zentrale Öffnung, die den Durchtritt des Rührer-
schafts ermöglicht, ist wie eine Tubenöffnung verschließ-
bar. Auf dieses Gewinde können auch verschiedene
Aufsätze geschraubt werden. Durch Fingerdruck auf den
verschiebbaren Boden kann die Salbe an der zentralen
Öffnung austreten und entnommen werden.

Abb. 5.2: Oben Auf-
sicht (1a), unten Seiten-
ansicht und Schnitt von
Flügelrührer (1) und
Kruke (2) des Ungua-
tor-Rührsystems URSY.

Die Kruke wird zunächst mit allen Bestandteilen der Salbenzubereitung beschickt
und mit dem Schraubdeckel verschlossen, durch dessen zentrale Öffnung der
Flügelrührer gesteckt wurde. Der dünne Schaft des Flügelrührers wird am Rühr-
gerät eingerastet und das Gewinde der zentralen Krukenöffnung am Trägerarm
eingeschraubt. Danach wird der Rührvorgang gestartet. Er läuft mit den voreinge-
stellten Parametern für Drehzahl und Rührzeit automatisch ab, währenddessen der
Trägerarm mit der daran befestigten Kruke durch einen Spindelvortrieb auf und ab

bewegt wird. Der Rührvorgang endet mit dem hochtourigen Freischleudern des Rührers in deckelnaher Position, worauf die Kruke abgenommen und nach Entnahme des Flügelrührers verschlossen werden kann. Zuvor sollte man die eingeschlossene Luft durch Hochschieben des Bodens möglichst verdrängen.

Ein großer Vorteil des beschriebenen Verfahrens ist, daß sich alle Teilschritte eindeutig und reproduzierbar festlegen lassen. Das Verfahren ist deswegen für ein Arbeiten nach den GMP-Richtlinien geeignet (siehe Abschnitt 6.4).

5.5 Augentropfen

Hohe Anforderungen bezüglich Reinheit und Zusammensetzung werden an Tropfen, Bäder, Salben und Inserte gestellt, die zur Anwendung am Auge vorgesehen sind. Nach den Vorgaben des Arzneibuchs müssen Augentropfen partikelfrei, keimfrei (steril) und konserviert sein und in Glasgefäßen bis maximal 10 mL Fassungsvermögen (Mehrdosenbehälter) abgefüllt werden (vgl. Tab. 5.1).

Augentropfen sind für eine Applikation in den Bindehautsack gedacht. Sie kommen also mit dieser Schleimhaut und der Cornea in Kontakt (vgl. Abb. 4.1). Dieser Bereich des vorderen Augapfels wird physiologischer Weise von der Tränenflüssigkeit gespült, die in der Tränendrüse gebildet wird und über den Tränengang in die Nase abfließt. Die Flüssigkeit bildet einen dreischichtigen Film, bestehend aus nach außen gerichtetem Lipid, zum Epithel gerichteten Schleimstoffen und einem dazwischen liegenden wäßrigen Anteil. Wichtig ist das Vorkommen des antibakteriell wirksamen Enzyms Lysozym. Der osmotische Druck der Flüssigkeit entspricht demjenigen einer physiologischen Kochsalzlösung (0.9% NaCl = 155 mM NaCl = 310 mosmol/L), ihr pH-Wert liegt bei 7,4. Augentropfen sollen, damit sie schmerzfrei vertragen werden und keine Ausschwemmung durch eine gesteigerte Tränenproduktion einsetzt, von diesen physiologischen Vorgaben nicht allzuweit abweichen.

Zur Behandlung des Glaukoms wird das Parasympathomometikum Pilocarpin in Form von 1 oder 2%igen Augentropfen eingesetzt, die mehrmals am Tage zu applizieren sind. Das Vordringen des Arzneistoffs zum M. sphincter pupillae, welcher die Iris schließt, erfolgt durch Diffusion (vgl. Abschnitt 4.7).

Sind nun 10 mL 2%iger Pilocarpin-Hydrochlorid Augentropfen herzustellen, geht man in der Praxis wie folgt vor. Nach dem Bereitstellen des Arbeitsgeräts, der mikrobiell reinen Substanzen und der Gefäße, reinigt und desinfiziert man den Arbeitsplatz mit 70%igem Ethanol. Es folgen die Händedesinfektion und das Anlegen von Armmanschetten, Handschuhen, Kopfhaube und Mundschutz. Nun folgt die Herstellung der Arzneistofflösung, wozu 220 mg Pilocarpin-HCl und 44 mg NaCl in 11 mL Wasser für Injektionszwecke gelöst und mit einem Konservierungsmittel (Benzalkoniumchlorid 0.01%) versetzt werden. Die homogene Lösung überführt man in eine sterile Einwegspritze, auf die danach ein Einweg-Membranfilter-Vorsatz aufgeschraubt wird. Der Filterauslaß wird mit einer Kanüle bestückt. Diese Anordnung gestattet es, 10 mL der Lösung direkt in die Augentropfenflasche sterilzufiltrieren. Hierzu sticht man durch die außen desinfizierte Folienverpackung, in der sich eine sterile Augentropfflasche mit der zugehörigen aufschraubbaren Verschlußkappe befindet, hindurch und verschließt das Gefäß innerhalb der Verpackung. Abschließend erfolgt die Etikettierung.

Im Filtervorsatz muß die Lösung eine Membran durchströmen, welche Poren von 0.2 μm Nennporenweite aufweist. Da alle Bakterien größer als 0.2 μm sind, gelingt es diese zurückzuhalten, nicht jedoch Viren (< 200 - 20 nm). Auch Pyrogene, das sind Stoffwechselprodukte und apathogene Bruchstücke von Bakterien, die nach Injektionen allerdings Fieber auslösen können, sind als Makromoleküle oder Moleküle so klein, daß sie von der Membran nicht zurückgehalten werden.

Nach Beendigung der Arbeiten ist wichtig, sich davon zu überzeugen, ob der Membranfilter unversehrt war. Dies läßt sich prüfen, indem man den Druck bestimmt, der zum Erreichen des Luftdurchbruchs durch die mit Wasser benetzten Poren erforderlich ist. Hierzu komprimiert man ein bekanntes Volumen, bis Blasen austreten, und liest das Kompressionsvolumen ab (bubble point-Test). Für eine Nennporenweite von 0.2 μm muß der erforderliche Druck über 3.5 bar liegen.

5.6 Zytostatika

Zur Behandlung von Tumoren stehen der Medizin neben der Operation und der Bestrahlung auch eine Reihe von zytostatisch wirksamen Pharmaka zur Verfügung. Sie sind in der Lage, an Zellverbände von kleinen oder nicht operablen Tumoren oder an im Körper weit gestreute Metastasen heranzukommen und deren Wachstum zu hemmen oder zu stoppen. Zytostatika sind in diesem Sinne nützliche Verbindungen. Sie gehören verschiedenen chemischen Klassen an und besitzen auch unterschiedlichste Angriffspunkte. Von den Wirkungsmechanismen betrachtet lassen sie sich einteilen in alkylierende und interkallierende Verbindungen, Antimetabolite und Mitosehemmstoffe.

Als Beispiel für eine Untergruppe von Zytostatika seien die Komplexe des Schwermetalls Platin vorgestellt, die als Cisplatin, Carboplatin und Oxaliplatin in der Therapie von Tumoren angewendet werden. Der applizierte Metallkomplex

führt zu einer Verknüpfung nahe benachbarter Guanidin-Basen in der DNA
(Abb. 5.3) und modifiziert dadurch dauerhaft deren normale räumliche Anordnung. Zur Therapie werden die Substanzen als Infusionen intravenös oder
intaperitoneal innerhalb von etwa einer Stunde appliziert.

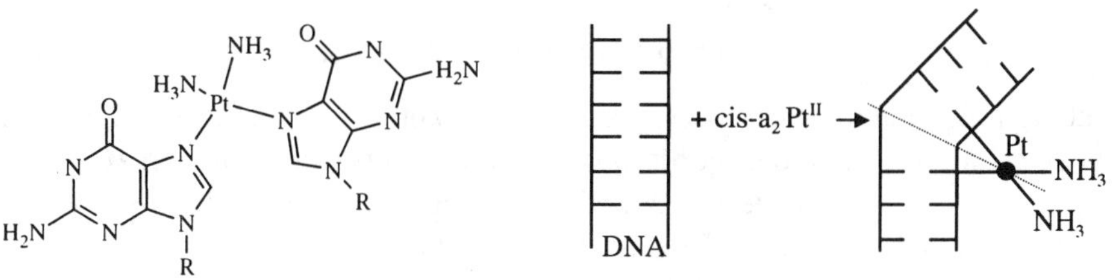

Abb. 5.3: Struktur eines Cisplatin-DNA-Komplexes. Links: cross-link zwischen benachbarten
Guanidin-Basen durch cis-Diammindichlorplatin (DDP, cis-[Pt (NH₃)₂ Cl₂]. Rechts: Modell der an
einem Dodekamer d(CCTCTGGTCTCC) beobachteten Abknickung nach dem cross-link. Ähnli-
che Wirkung zeigen Carboplatin und Oxaliplatin.

Bei den Zytostatika ist es üblich, die Dosierung nicht nach dem Körpergewicht
der Patienten, sondern nach deren Körperoberfläche (O) festzulegen. Letztere ist
eine Funktion von Körpergröße (h) und Körpermasse (m). Sie läßt sich aus einem
Nomogramm ablesen oder nach DuBois und DuBois berechnen:

$$O = 71.84 \times h^{0.725} \times m^{0.425} \qquad O\,[cm^2], h\,[cm], m\,[kg] \qquad Gl. 5.1$$

Hieraus ergibt sich, daß die Zubereitungen von Zytostatika individuell dosierte
Arzneimittelzubereitungen sind. Um Verwechslungen auszuschließen, müssen sie
im Rahmen der Herstellung mit der Bezeichnung des Arzneimittels, der Dosis und
dem Namen des Patienten gekennzeichnet werden. Hierzu nutzt man die organisatorische Mithilfe eines der verschiedenen Herstellungsprogramme für Zytostatika,
wie cato®, Cypro®, Cytos® oder Zenzy® (siehe Abschnitt 6.2).

Im Falle der Platin-Komplexe, welche mehr oder minder nierenschädigend sind,
hat die Erfahrung gezeigt, daß die tatsächliche Nierenfunktion bei der Festlegung
der Dosis berücksichtigt werden sollte. Eine reduzierte Nierenfunktion vermindert
die Ausscheidung der Platinkomplexe und läßt deren Konzentration im Verteilungsvolumen höher als therapeutisch sinnvoll steigen (vgl. Abschnitt 4.4). Zur
Berechnung der Dosis unter Berücksichtigung der realen Nierenfunktion benutzt
man die Formel nach Calvert, wozu die angestrebte AUC [mg × min/min] und die
GFR [ml/min] bekannt sein müssen:

$$D = AUC_{Ziel} \times (GFR + 25) \qquad \frac{Masse \times Zeit}{Volumen} \times \frac{Volumen}{Zeit} = Masse \qquad Gl. 5.2$$

Allen zytostatisch verwendeten Verbindungen ist eigen, daß sie neben ihrer gewünschten Wirkung gegenüber Tumorgewebe auch gesundes Gewebe schädigen können und potentiell kanzerogen, mutagen und reproduktionstoxisch sind (CMR-Arzneimittel). Sie fallen deshalb arbeitsrechtlich unter die Gefahrstoff-Verordnung (GefStofV). Das Arbeiten mit ihnen ist nur unter besonderen Vorsichtsmaßnahmen gemäß der Technischen Regeln für Gefahrstoffe (TRGS 525) erlaubt.

Die Zubereitungen aus diesen Substanzen haben auch die Kriterien eines Arzneimittels zu erfüllen. Um beiden Forderungen gerecht zu werden, müssen zur Zubereitung von Zytostatika Sicherheitswerkbänke, sog. Zytostatika-Werkbänke verwendet werden (Abb. 5.4). Die technischen Anforderungen an diese Geräte legt die Norm DIN 12980 fest (Deutsches Institut für Normung e.V.). Die Werkbank dient gleichermaßen dem Personenschutz wie dem Produktschutz.

Der Personenschutz wird durch eine Abtrennung des Werkraums an der Frontseite mit Hilfe einer Glasscheibe gewährleistet. Für die Arme läßt die Scheibe einen etwa 15 cm hohen Spalt offen, der während der Arbeit nicht vergrößert werden kann. Damit keine eventuell mit Zytostatika kontaminierte Luft nach außen dringt, wird auf der ganzen Länge durch diesen Spalt Luft angesaugt.

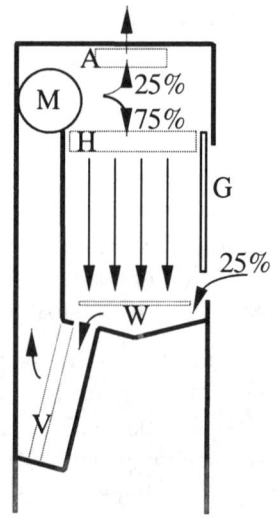

Der Produktschutz basiert auf einer kontinuierlichen, von der Decke des Werkraumes laminar herabziehenden Luftströmung, die durch eine gelochte Arbeitsplatte abgesaugt wird. Diese Luft ist aufgrund der Passage eines Filters frei von Schwebstoffen und Bakterien. Der Abscheidegrad des Filters liegt für Partikel von 0.3-0.5 µm Größe mindestens bei 99,97%. In diesem Werkraum findet die sterile Zubereitung der Zytostatika-Infusionen statt. Unter der Arbeitsplatte mischen sich die Werkraumluft und die angesaugte Luft und passieren gemeinsam ein Vorfilter, um auf der Rückseite des Gerätes durch ein Gebläse nach oben zu gelangen. Während 75% dieser Luft den sterilen Laminarstrom ergeben, verläßt der Überschuß an Luft von etwa 25% gefiltert das Gerät.

Abb. 5.4: Schematischer Aufbau einer Zytostatika-Werkbank nach DIN 12980 im seitlichen Querschnitt. Vorfilter (V) hinter dem Fußraum, Haupt- (H) und Abluftfilter (A), Arbeitsplatte (W), Glasscheibe (G) und Arbeitsschlitz, Gebläse (M). Laminare, sterile Luftströmung ↓↓↓↓ (Laminar Air Flow, LAF) im Werkraum (ca. $150 \times 65 \times 65$), Abluft ca. 600 m³/h.

6 Die Praxis

Das Studium und das anschließende Praktikum hat den Studierenden in die gesamte Palette der pharmazeutischen Disziplinen eingeführt. Mit der Approbation als Apotheker endet diese Ausbildungszeit. Gleichzeitig beginnt mit dem Berufsleben eine Spezialisierung, die ein Ausdruck einer sich ständig gesellschaftlich und wissenschaftlich wandelnden Ordnung ist.

6.1 Pharmazeutische Tätigkeitsfelder

Der bekannteste Tätigkeitsbereich des Apothekers ist die Arbeit in der öffentlichen Apotheke. Ihr kommt die Aufgabe der sicheren und korrekten Versorgung der Bevölkerung mit Arzneimitteln und ihrer Beratung zu. In diesem Bereich arbeiten etwa 87% aller berufstätigen Apotheker (Tab. 6.1). Man bezeichnet sie auch als 'Offizin-Apotheker', da sie in einem neben Rezeptur und Defektur in jeder Apotheke vorkommenden Bereich der 'Offizin' (lat. officina, Werkstatt) ihre Tätigkeit ausüben. Im gesamten Land arbeiten ungefähr 45 000 Apotheker in knapp 22 000 Apotheken, also im Durchschnitt zwei Apotheker in einer Apotheke. Von den Inhabern der Apotheken sind 88% Eigentümer und 12% Pächter.

Tätigkeitsbereiche	Apotheker	%	% Frauen	App/Apo
Σ aller berufstätigen Apotheker	53 000	100	61	–
in 22 000 öffentlichen Apotheken	45 000	87	63	~2
in 600 Krankenhaus-Apotheken	1 900	3.6	51	~3
in Industrie, Wissenschaft, Verwaltung, Fachorganisationen	5 000	9.4	45	–
Σ aller Pharmaziestudierenden	13 000	–		
Zugang von Approbierten / Jahr	1 900	–	75	

Tab. 6.1: Auffächerung der Apotheker Deutschlands auf die verschiedenen pharmazeutischen Tätigkeitsbereiche. App/Apo = Approbierte pro Apotheke.

Nur rund 1900 Apotheker arbeiten in Krankenhausapotheken. Von den circa 2300 Krankenhäusern in Deutschland betreiben 600 eine eigene, nicht-öffentliche Apotheke und versorgen 800 weitere kleinere Krankenhäuser mit. Im Mittel arbeiten hier drei Apotheker zusammen. Neben der Versorgung mit Arzneimitteln gehören zum Aufgabenbereich die Arzneimittelsicherheit im Krankenhaus, die Information über Arzneimittel und die Auswahl kostengünstiger Medikamente.

Die Einrichtung der mit Ärzten und dem leitenden Apotheker besetzten Arznei-
mittelkommission hilft, die entsprechenden Entscheidungen zu treffen.

In der pharmazeutischen Industrie arbeiten Pharmazeuten vor allem in den
Bereichen der galenischen Entwicklung und der Herstellung von Arzneimitteln.
Hierzu bedarf es besonderer persönlicher Sachkenntnis und einer Erlaubnis als
Herstellungsleiter nach §15 AMG. Eine weitere Domäne für Pharmazeuten bilden
die Sparten Analytik und Qualitätskontrolle sowie die Bereiche Zulassung und
Arzneimittelinformation. Voraussetzung für eine Einstellung ist in der Regel eine
vertiefte Ausbildung in dem entsprechenden Teilgebiet, die an einem wissenschaftlichen Institut der Universität erworben und durch eine Promotion abgeschlossen wurde.

Als weitere Möglichkeiten der Beschäftigung sei die Arbeit in Behörden, Fachver-
bänden, Krankenkassen, Schulen für Pharmazeutisch-Technische Assistenten,
Bundeswehr und wissenschaftlichen Verlagen erwähnt.

6.2 Elektronische Arbeit mit Daten

Werkzeuge waren früher in der Regel mechanische Hilfsmittel, welche die Qualität eines Produkts steigern halfen und dessen schnellere, sicherere oder ökonomi-
schere Herstellung erlaubten. Seit Einführung von elektronischen Rechnern und
deren weitem Einsatz ist es möglich, Arbeitsmittel bereitzustellen, welche helfen,
geistige und logische Abläufe zu überwachen und die Informationssuche deutlich
zu beschleunigen.

Arbeitsabläufe und betriebliche (interne) Daten

In der Praxis des pharmazeutischen Alltags fällt eine Menge von verantwortungs-
vollen Routine-Arbeiten an, deren Durchführung man leicht solchen elektronisch
gesteuerten Arbeitshilfen übertragen kann. Hieraus ergibt sich eine systematische,
verläßliche und rasche Bearbeitung der Aufgaben in gleichbleibender Qualität.
Den automatisierten Systemen ist es ein leichtes, gleichzeitig auf die Erfüllung
mehrerer Randbedingungen zu achten, welche sich in der pharmazeutischen
Tätigkeit ergeben, auf deren Einhaltung hinzuweisen und beinahe unbemerkt im
Hintergrund noch ein vollständiges Protokoll aller Arbeitsschritte zu führen, das
der Dokumentation dient. Der Mensch als Mitarbeiter ist dagegen durch äußere
Gegebenheiten leicht ablenkbar, setzt je nach Ausgangslage unterschiedliche und
wechselnde Prioritäten und sein Arbeiten unterliegt physiologischen Leistungs-
schwankungen. Somit ergeben sich aus dem Einsatz elektronisch gesteuerter

Arbeitshilfen deutliche Vorteile, die für den Menschen eine Entlastung darstellen und durch 'Mitdenken im Verborgenen' zu einer konstanteren Arbeitsqualität führen. Die Anwendung solcher programmierten Hilfen ist hier weit fortgeschritten und teilweise unentbehrlich geworden.

Arbeitsabläufe lassen sich in ihrer Struktur festlegen, präzisieren (standardisieren), durch eingebaute Kontrollen (Inprozeßkontrollen) gegen Abweichungen sichern. Einzelne Teilschritte kann man aufzeichnen, überprüfen und später auswerten. Sie werden dadurch weniger manipulierbar und lassen sich zur Fehlersuche leichter zurückverfolgen (rekonstruieren).

Die Anwendung elektronischer Arbeitsprogramme garantiert ein geführtes Arbeiten und vermeidet das Vergessen oder Übersehen bestimmter Dinge. Sie steigert jedoch auch die Anforderungen an die Qualität und den Umfang der Arbeit, da viele Vorstellungen und Ziele durch ihren Einsatz erst realisierbar werden. Mit der Zeit an den Stand der Technik gewöhnt, werden die Techniken zum Standard erhoben und unter Umständen später gesetzlich vorgeschrieben. Hierbei denke man nur an die Einführung offener Verfalldaten bei Arzneimitteln und die Dokumentationspflicht für Blutprodukte, welche in dem heutigen Umfang ohne den Einsatz automatisierter Programmhilfen nicht realisierbar wäre.

a) Arbeitsleitung durch Materialwirtschaftsprogramme

Materialwirtschaftsprogramme werden meist in öffentlichen Apotheken und Krankenhausapotheken eingesetzt. Sie basieren auf Stammdaten, welche den gesamten Arbeitsbereich definieren: Arzneimittel gemäß einer Arzneimittelliste, Lieferanten, Stationen, Kostenstellen. Die Stammdaten müssen einer regelmäßigen Datenpflege unterliegen. Sie helfen viele Routinevorgänge zu erledigen und organisatorisch zu bewältigen. Bestellvorschläge, Bestellungen, Warenzugänge, Strukturierung der Kommissionierung durch entsprechende Listen, Warenabgänge, Belastung von Kostenstellen, Inventur, Steuerung von Kommissionier-Robotern. Aufgrund der Dokumentation von betrieblichen Daten lassen sich eine Reihe von Analysen erstellen (häufig als Statistik bezeichnet), die verschiedenste Kriterien berücksichtigen, z. B. Verbrauchsübersichten, Abrechnungen, Budgetüberwachung. Auch eine elektronische Kommunikation zur Bedarfsmeldung von Stationen in der Apotheke gehört in den Leistungsumfang.

b) Arbeitsleitung durch Prüfungs- und Herstellungsprogramme

Die Apothekenbetriebsordnung schreibt die Prüfung von Wirkstoffen und Hilfsstoffen vor, bevor man sie abgibt oder in der Herstellung verwendet. Über diese Vorgänge ist Protokoll zu führen. Um eine übersichtliche Dokumentation zu gewährleisten, ist hier eine umfangreiche und gut strukturierte Schreibarbeit zu leisten, die ein Programm leicht übernehmen kann. Vorteil ist, daß in den Vordrucken und Ausdrucken nichts übergangen oder vergessen bzw. durch Abfragen (Inprozeßkontrolle) auf eine Erledigung hingewiesen wird, z. B. durch auszufüllende freie Felder, akustische Signale oder durch eine Blockade des gewohnten weiteren Fortgangs.

Herstellungsprogramme leiten den gesamten Herstellungsvorgang bis zur Freigabe der Rezeptur oder Defektur. Sie überprüfen die Identität der verwendeten Substanzen, basierend auf den ihnen bekannten Chargen, die Verwendung der richtigen Waage, deren Tarierung, die Einhaltung der festgelegten Toleranzen. Der Einsatz schließt Verwechslungen oder das Vergessen von Substanzen weitgehend aus. Erzeugte Daten werden intern fälschungssicher übertragen, so daß Notizzettel überflüssig sind und manuelle Übertragungsfehler wegfallen. Durch diese Elemente werden die GMP-Richtlinien erfüllt. Die Datenspeicherung läßt eine simultane Bestandsführung des Lagers zu, eine schnelle Rückverfolgung von Herstellungen, den Ausdruck von Herstellungsprotokollen zur Archivierung, Etiketten mit Haltbarkeitsangaben, das Erstellen von Analysen über den gesamten Verbrauch und eine Inventur des Lagerbestands. Hierzu zählen die Programme ErgoPro:LABOR, CITO und das Laborprogramm für Apotheken von Dr. H. Lennartz, sowie cato, Cypro, Cytos und Zenzy für die Zubereitung von Zytostatika.

Arbeit mit externen Datensammlungen

Ein anderer Bereich der Arbeit, nämlich derjenige der Beschaffung von Information, hat sich durch den Einsatz der Elektronik ebenfalls stark verändert. Bei der Suche nach aktueller wissenschaftlicher Information sind elektronische Datensammlungen sehr effektiv. Medizinische, pharmakologische, toxikologische und pharmazeutische Informationen von Chemikalien, Arzneistoffen und Arzneimitteln werden in verschiedenen, thematisch abgegrenzten Datensammlungen bereitgestellt. Sie haben konventionelle, gedruckte Medien stark zurückgedrängt, stellenweise sogar ersetzt. In manchen wissenschaftlichen Bereichen, so zum Beispiel in der Erforschung von Gensequenzen, gibt es aufgrund der Datenfülle nur elektronisch gespeicherte Datensammlungen. Der Nutzer arbeitet mit den bereitgestellten Daten, auf die er keinen verändernden Einfluß hat. Sie werden regelmäßig ergänzt und aktualisiert, nehmen also in ihrer Gesamtmenge kontinuierlich zu und spiegeln den jeweiligen Wissens- oder Entwicklungsstand wider. Ein Vorteil ist die schnelle Aktualisierbarkeit fachbezogener Daten, die nur an einem Ort bereitgehalten werden, zu denen der Nutzer Zugang hat. Weniger schnell zu aktualisierende Daten werden auf Disketten oder auf CD-ROM individuell vertrieben. Schlüssel zu einer erfolgreichen Suche ist in allen Fällen ein geeignetes Suchprogramm, mit dem das Gesuchte aus den umfangreichen Dateien zielgerichtet gefunden werden kann.

Im wissenschaftlichen Bereich sind viele konventionelle Nachschlagewerke als elektronische Medien verfügbar. Thematisch strukturierte Literatursammlungen (Current Contents, Medline, Toxline) werden über Suchprogramme zugänglich. Sammlungen großen Umfangs werden nicht mehr auf Papier gedruckt. Sie enthalten Daten von Medikamenten, Produkten, Nebenwirkungen, Inkompatibilitäten, Toxizitäten, Gesetzestexten, Gefahrstoffen. Sie dienen dazu, schnell genaue Auskünfte zu geben und praktisch alles zum Medikament wissenswerte Material verfügbar zu machen. Beispiele sind zu erwähnen Drugdex, Poisindex, Martindale, Material Safety Data Sheets, Physicians' Desk Reference (PDR), RPS Herbal Medicines, Reprorisk, Micromedex, Tomes, ABDA-Datenbank.

6.3 Pharmakopoeen

Mit der Gründung der Nationalstaaten wurde die Herausgabe von amtlichen Arzneibüchern eine Aufgabe, welche in die staatliche Kompetenz fiel. Eine Zusammenführung und Vereinheitlichung der einzelnen Vorläufer, die sich in den deutschen Teilländern etabliert hatten, wurde erforderlich, um ein einheitliches Rechtsgebiet zu schaffen. Hierin ist eine bedeutsame Entwicklung zu sehen, die sich auf europäischer Ebene heute weiter fortsetzt. Durch die Einführung einer verbindlichen Pharmakopoe wird der gesamte Bereich einem Standard verpflichtet, der auf die Qualität von Produkten sowie auf die wissenschaftlichen und praktischen Techniken einen bedeutenden Einfluß ausübt. Sie hatte damit schon früher einen ähnlichen Einfluß auf das pharmazeutische Arbeiten wie heute die Einführung verschiedener Systeme zur Qualitätssicherung von Arbeitsvorgängen.

Das erste einheitliche Arzneibuch für das ganze Reichsgebiet wurde unmittelbar nach der Reichsgründung 1872 als 'Pharmacopoea Germanica' eingeführt. Es löste die in den einzelnen Landesteilen vorhandenen eigenen Arzneibücher ab. In relativ konstanten Abständen von etwa 10 Jahren wurde das Arzneibuch bis zur 5. Ausgabe (1910) aktualisiert, ab der dritten Ausgabe in deutscher Sprache. Die 6. Ausgabe von 1926 war mit einem größeren Nachtrag aus dem Jahre 1953 bis zur Schaffung der 7. Ausgabe des Deutschen Arzneibuchs (DAB 7) gültig.

Eine Besonderheit stellt die Entstehung eines Arzneibuchs für die Homöopathie dar. Es wurde schon 1901 vom Firmeninhaber Dr. Wilmar Schwabe für die Werbung der 1866 in Leipzig gegründeten Firma verfaßt. Seine zweite Auflage von 1924 wurde 1934 unter Weglassung des Verfassernamens als verbindliches Homöopathisches Arzneibuch (HAB) in Deutschland eingeführt.

Seit 1.9.1997 ergab sich mit der Einführung des DAB 8 und der drei Bände der 1. Ausgabe des Europäischen Arzneibuchs die Schwierigkeit, verschieden schnell

sich entwickelnde Systeme in konventionellen Büchern übersichtlich zu präsen-
tieren. Dem DAB 9, das ab 1.7.1987 in Kraft war, gelang dies durch regelmäßig
erscheinende Nachträge, welche jeweils neue Teilbände der 2. Ausgabe des Europäischen Arzneibuchs beinhalteten, dessen Beiträge mit dem Europasternenkranz
kenntlich gemacht sind. Hierdurch geht allerdings der Überblick verloren. Deshalb
wurden das DAB 10 und die nachfolgenden als Loseblattsammlung heraus-
gegeben, die durch Lieferungen der Nachträge des Europäischen Arzneibuchs
aktualisiert wurden, zuletzt mit den Ergänzungen des DAB 1996, mit dem die
anfängliche Zählung des Arzneibuchs nach Ausgaben verlassen wird.

Das Deutsche Arzneibuch war bis hierher ein Konglomerat eines europäischen
Teils, nämlich der 2. Ausgabe des Europäischen Arzneibuchs, und des deutschen
Teils. Diese Form wurde am 1.9.1997 aufgegeben.

Danach sind im DAB nur solche Monographien zu finden, die bisher noch nicht in
das europäische Arzneibuch aufgenommen werden konnten. Die jährlich erschei-
nenden Nachträge bringen als Ergänzungsblattlieferungen das Gesamtwerk auf
den jeweils neuesten Stand und geben ihm damit eine neue Bezeichnung
(DAB 1997 + Erg. DAB 1998 = DAB 1998). Die additive und substitutive Pflege
des Werks muß wegen des verbindlichen Charakters der Sammlung anerkannter
pharmazeutischer Regeln gewissenhaft erfolgen.

Die für die Länder der Europäischen Gemeinschaft gemeinsam geltenden Monographien und allgemeinen Vorschriften finden sich in der 3. Ausgabe des Europäischen Arzneibuchs, das zum gleichen Termin in Kraft ist. Es wird durch
Nachtragbände aktualisiert. In etwa fünf Jahren wird mit dem Erscheinen der
4. Ausgabe gerechnet. Die amtliche deutschsprachige Fassung des Europäischen
Arzeibuchs ist unter Beteiligung österreichischer, deutscher und schweizer
Behörden übersetzt, da der Europarat nur in seinen zwei Amtsprachen Französisch
und Englisch veröffentlicht.

Das Europäische Arzneibuch enthält für alle 20 Mitgliedstaaten (EG, EFTA) mit
zusammen etwa 380 Millionen Menschen Vorschriften, welche für die Staaten
rechtsverbindlich sind und deshalb für den Handel mit Pharmazeutika eine enorme
Bedeutung erlangt haben. Wegen der Mehrsprachigkeit der Pharmacopoea Europaea stehen die Vorschriften auch früheren englisch-, französisch- und spanisch-
sprachigen Kolonialländern zur Verfügung und werden dort als Basis für Quali-
tätsanforderungen herangezogen.

Die folgende Tabelle (Tab. 6.2) stellt die Ausgaben des Deutschen und Europäischen Arzneibuchs nebst ihrer wissenschaftlichen Erläuterungen zusammen,
die als Kommentare bezeichnet werden.

Bez.	Ausgabe	Ersch.-Jahr	gültig ab	Seiten	Kommentar	Seiten
DAB	6	1926	1.1.27	854		
DAB	6	1.+2.NT 1947		475		
DAB	6	3. NT 1953		570		
DAB	7	1968			2. Aufl. 73	1619
DAB	7	2. NT 1975				
DAB/DDR	7	1964			1969	Σ ≈ 6000
DAB	8	1978	1.7.79	680	2. Aufl. 83	1063
DAB	8	1. NT 1980	2.NT 83	24		
HAB	1	1978		928		
		1.-5.NT 1981, 83, 85, 85, 91		500		
Ph. Eur.	1	I 1974		391	]3. Aufl. 83	1388
Ph. Eur.	1	II 1976		515		
Ph. Eur.	1	III 1979	1.7.79	594	2. Aufl. 82	969
DAB	9	1986	]1.7.87	1516	1. Band 87	
Ph. Eur.	2	TB1-10			2. Band 87	
					3. Band 88	
DAB	9	1. NT 1989	TB11+12	437	4. Band 90	4488
DAB	9	2. NT 1990	TB13+14	454		
DAB	10	1991	TB15 1.3.92			
		+ 1.NT 1992	TB16			
		+ 2.NT 1993	TB17			
		+ 3.NT 1994	TB18+19			
DAB 1996		+ Erg. 1996	1.3.96	Σ ≈ 4500		
DAB 1997		1997	1.9.97			
DAB 1998		+ Erg. 1998	1.8.98	Σ ≈ 1500	Band I und II	
DAB 1999		1999	1.8.99	680	Σ ≈ 1700	
Ph. Eur.	3	1997	1.9.97	1896	Band I und II,1-4	
Ph. Eur.	3	1. NT 1998	20.5.98	708	Σ ≈ 5700	
Ph. Eur.	3	2. NT 1999	26.4.99	1199		

Tab. 6.2: *Ph. Eur.*: Pharmacopoea Europaea, DAB: Deutsches Arzneibuch, HAB: Homöopathisches Arzneibuch, NT: Nachtrag, *TB*: Teilband, Bez.: Bezeichnung. Die 19 Teilbände der 2. Ausgabe der Ph. Eur. sind ab *TB11* in den einzelnen Nachträgen des DAB aufgenommen. Seitenangaben beziehen sich auf gebundene Einzelbände, Summenangaben (Σ) auf Loseblattsammlungen.

6.4 Good Practices

Im Bereich der Pharmazie und pharmazeutischen Forschung wendet man heute drei wesentliche Good Practices Guidelines an. Dies sind die *Good Manufactoring Practices* im Bereich der Arzneimittelherstellung, die *Good Laboratory Practices* im Bereich der nicht-klinischen Forschung und für die Aufgaben der klinischen Forschung die *Good Clinical Practices*. Daneben existieren eine Reihe von weiteren Richtlinien, welche Detailvorschriften für Tätigkeiten darstellen, die teilweise in anderen Bestimmungen enthalten sind. Es handelt sich um die *Good Analytical Practices, Good Storage Practices* und die *Good Validation Practices*.

Alle *Good Practices* sind fixierte Richtlinien über Verhaltensweisen, die von einem Kreis entsprechender Fachleute erarbeitet und für richtig angesehen werden. Neben der Festlegung von Verfahren im fachlichen Bereich sind auch solche im organisatorischen Bereich Gegenstand der Regularien. Denn ein großes Ziel der Good Practices ist, das im Gefolge jeder Routinetätigkeit auftretende Nachlassen der individuellen Aufmerksamkeit und der allgemeinen Überwachung zu verringern. Um dieses zu erreichen, sind die auftretenden Verantwortlichkeiten klar in drei Elemente getrennt: Der Leiter der Einrichtung, der Leiter der fachlichen Aufgabe (Herstellung, Prüfung, Analyse, klinische Studie etc.) und der Leiter eines Qualitäts-Sicherungsprogramms (QS). Weder der Leiter der Einrichtung, noch der Leiter des QS dürfen in die Durchführung der fachlichen Aufgabe involviert sein. Aus dieser in jeder Vorschrift enthaltenen Gliederung ergeben sich entsprechende identische Strukturen für die verschiedenen Gebiete der Good Practices.

An dieser Stelle kann auch der Unterschied zwischen dem 'lege artis'-Arbeiten und einem solchen nach Good Practices Richtlinien klar werden. Während sich 'lege artis'-Arbeiten einzig um die fachlich korrekte Durchführung der Aufgabe kümmert und dabei flexibel auf neue Bedürfnisse und Entwicklungen eingehen kann, stellen die GP-Richtlinien der zentralen Aufgabe ein Sicherungssystem zur Seite, das mit standardisierten Verfahren und bindenden Vorschriften die Routine strukturiert.

Die folgenden Punkte sollen die Aufmerksamkeit auf einige praktische Aspekte lenken. Zentrale Forderung aller Richtlinien der Good Practices ist die Anwendung einer lückenlosen, nachvollziehbaren Dokumentation aller Vorgänge, denn alles, was nicht dokumentiert wurde, gilt auch als nicht durchgeführt. Hieraus ergeben sich Forderungen an die Beschreibung der Arbeitsabläufe, die im Good Practice-System als Standard-Arbeitsanweisungen (Standard Operation Procedures, SOP) bezeichnet werden. Diese Anweisungen sind nach der Qualitätssicherungsüberprüfung im Original in einem Archiv zu verwahren. Im Umlauf dürfen nur autorisierte Fassungen der neuesten Version sein, was durch einen Änderungsdienst gemäß eines Verteilers sichergestellt wird. Um nichtautorisierte Kopien schnell erkennen zu können, haben die autorisierten Fassungen Unterschriften oder Markierungen in Farbe aufzuweisen. Auch die Dokumentation der Arbeitsabläufe und der Daten unterliegt strengen Regeln. Die Daten sind unmittelbar, unverzüglich, genau, leserlich und dokumentenecht (schwarz) aufzuschreiben, zu datieren und mit dem Namen abzuzeichnen. Änderungen in den Rohdaten dürfen nur so erfolgen, daß die ursprüngliche Aufzeichnung ersichtlich bleibt. Radieren, Überkleben, Korrekturflüssigkeit oder Überschreiben sind nicht erlaubt. Es dürfen lediglich Streichungen vorgenommen werden und die neue Angabe ist mit Begründung, Datum und Unterschrift zu versehen.

Alle schriftlichen Unterlagen und Materialien (Rückstellproben) sind in einem Archiv aufzubewahren, das gegen Diebstahl, Feuer, Umwelteinflüsse und nachträgliche Manipulationen schützt. Hierzu gehören einerseits Unterlagen über die Aufgabe selbst (Plan, Rohdaten, Abschlußbericht), aber auch Aufzeichnungen über die Inspektionen im Rahmen des Qualitäts-Sicherungsprogramms, über die Ausbildung des Personals, über dessen Schulungen, über die Wartung der Geräte und die chronologische Sammlung der SOP.

Good Manufactoring Practices (GMP)

Von der amerikanischen Arzneimittelbehörde, der Food and Drug Administration (FDA), wurden bereits 1963 die Current Good Manufactoring Practices Regulations in Kraft gesetzt. Diese Verordnungen sollten dazu dienen, daß in der Arzneimittelherstellung nur solche Verfahren Anwendung finden, die dem gegenwärtigen Stand der Technik genügen und eine optimale Qualität der Arzneimittel garantieren können. Um die Vorschriften den neuen Entwicklungen und technischen Neuerungen anzupassen, wurden diese mehrmals überarbeitet. Auf der Grundlage der FDA-Verordnung erließ die WHO ihre GMP-Richtlinien. Sie haben das Ziel, eine hohe Arzneimittelqualität zu erreichen und durch gegenseitige internationale Anerkennung der nationalen Überwachung von Herstellungsbetrieben den Handel zu fördern. Für die Arzneimittelhersteller der Europäischen Gemeinschaft gelten seit 1992 einheitliche GMP-Richtlinien in Form eines Leitfadens.

Die GMP-Richtlinien stellen Organisationsvorschriften dar, welche durch eine umfassende Dokumentation die Herstellung eines Arzneimittels und die Anwendung der Hygienebestimmungen transparent machen sollen. Die Vorschriften sichern den Ablauf der Verfahrensschritte einer Arzneimittelherstellung gegen menschliches Fehlverhalten. Sie beziehen sich in der Arzneimittelherstellung nach GMP-Richtlinien auf die folgenden Punkte:

1. Organisation und Personal des Herstellers
2. Qualitäts-Sicherungsprogramm
3. Räumlichkeiten
4. Produktionsanlagen
5. Standard-Herstellungsanweisungen
6. Etikettierung und Verpackung
7. Qualitätskontrollen: Eingangskontrollen, Inprozeß-Kontrollen, Chargenkontrollen, Endkontrollen, Freigabe des Produktes, inclusive Probennahmen
8. Archivierung von Aufzeichnungen und Rückstellproben

Zu den in Position 5 genannten Herstellungsanweisungen, die den Standard Operation Procedures (SOP) entsprechen (siehe GLP), gibt es für einzelne Arzneimittelkategorien bereits verbindliche Anweisungen. Zu erwähnen sind diejenigen für sterile Arzneimittel, flüssige Zubereitungen, halbfeste Zubereitungen (Cremes, Salben), Dosieraerosole und radioaktive Arzneimittel.

An dieser Stelle soll auf den Unterschied zwischen den Punkten 2 und 7 hingewiesen werden. Während sich die Qualitätskontrollen (Punkt 7) mit der materiellen Qualität eines Produktes befassen, hat das Qualitätssicherungsprogramm (Punkt 2) die Aufgabe, die Einhaltung der fixierten Organisationsabläufe zu überwachen und dies für externe Inspektoren zu dokumentieren.

Good Laboratory Practices (GLP)

Die Erlassung von Richtlinien der Good Laboratory Practices (GLP, 'Gute Laborpraxis') nahm ebenfalls ihren Ausgang in den USA. Der amerikanischen Zulassungsbehörde FDA waren Mitte der 70er Jahre gravierende Unstimmigkeiten in den von pharmazeutischen Firmen zur Zulassung ihrer Produkte eingereichten Unterlagen aufgefallen. Sie ließen Zweifel an der gewissenhaften Gewinnung der toxikologischen Daten, an deren Dokumentation und Interpretation aufkommen. Mit Hilfe der GLP-Regulations wurden für alle amerikanischen Arzneimittelhersteller verbindliche Standards eingeführt (1979). Weil der Nachweis der Einhaltung dieser Standards auch für ausländische Firmen galt, die ihre Produkte in den USA zulassen wollten, wurde die Anwendung der Richtlinien auch in den Handelspartnerländern erzwungenermaßen eingeführt und anfänglich sogar durch amerikanische Inspektoren überwacht. Mittlerweile gibt es zwischen den Ländern der Europäischen Gemeinschaft, Japan, Kanada und den USA Verträge zur Einhaltung der GLP-Richtlinien im eigenen Land, die eine gegenseitige Anerkennung von Versuchsergebnissen einschließen.

Ziel der GLP-Richtlinien ist, eine Prüfung so durchzuführen und zu dokumentieren, daß jeder einzelne Schritt jederzeit kontrollierbar ist, gedanklich nachvollzogen und nötigenfalls auch in der Durchführung wiederholt werden kann. Für die

Durchführung toxikologischer Prüfungen an Chemikalien, Pflanzenschutzmitteln, Arzneimitteln, Nahrungsmittelzusatzstoffen und Kosmetika ist die Einhaltung der Richtlinien unabdingbar. Dies gilt auch für physikalisch-chemische Prüfungen im Rahmen des Chemikaliengesetzes.

Die GLP-Richtlinien sind in zehn Punkte gegliedert:

1. Organisation und Personal der Prüfeinrichtung
2. Qualitäts-Sicherungsprogramm (QS-Programm)
3. Prüfeinrichtungen (Räumlichkeiten, Einrichtung)
4. Geräte, Materialien, Reagenzien
5. Prüfsysteme
6. Prüf- und Referenzsubstanzen
7. Standard-Arbeitsanweisungen (Standard Operation Procedures, SOP)
8. Prüfungsablauf (Prüfplan, Rohdaten)
9. Bericht über die Prüfergebnisse (Abschlußbericht)
10. Archivierung von Aufzeichnungen und Materialien

Die Prüfmethoden müssen validiert sein.

Die Liste scheint zunächst nur einen nicht unerheblichen Arbeitsaufwand auszu-lösen. Jedoch ergeben sich aus den GLP-Richtlinien mehrere nützliche Folgen. Neben der präzisen Festlegung von Zuständigkeiten und Verantwortlichkeiten resultiert bereits aus der Erarbeitung der einzelnen SOP eine größere Sicherheit im Labor. Die namentliche Nennung der an den Versuchen beteiligten Personen verpflichtet zu größerer Verantwortung und Sorgfalt, was auch in der vorgeschrie-benen Leistung einer Unterschrift unter die datierten Ergebnisprotokolle zum Ausdruck kommt. Schließlich erzieht das Qualitäts-Sicherungsprogramm durch dessen interne Kontrollen zu sorgfältigem Arbeiten.

Zur Vorlage der Ergebnisse bei einer Behörde ist eine GLP-Bescheinigung der Prüfeinrichtung nach ChemG §19b und eine Erklärung darüber, daß die GLP-Richtlinien bei der Prüfung eingehalten worden sind (statement of compliance), notwendig. Ohne diese Nachweise gelten die Prüfungen als nicht erbracht.

Good Clinical Practices (GCP)

Die bisher erwähnten Richtlinien befassen sich mit der Herstellung und allen nicht-klinischen Untersuchungen. Für den klinischen Bereich der Arzneimittelfor-schung sind ebenfalls Richtlinien entwickelt worden, die unter der Bezeichnung Good Clinical Practices (GCP) bekannt sind. Hierzu gehören Vorschriften, die dem Schutz der Versuchspersonen dienen. Sie regeln die Funktion von Ethik-Kommissionen und die Abgabe einer Einverständniserklärung von Versuchsper-sonen (Patienten, Probanden, Kinder, Gefangene). Sie enthalten Vorschriften für

die Auftraggeber, die Monitoren von klinischen Prüfungen und die klinischen
Prüfer selbst.

Zertifizierungen

Abschließend sollen die Zertifizierung von Betrieben des herstellenden und ent-
wickelnden Gewerbes erwähnt werden. Die nach DIN EN ISO 9000-9004 ausge-
sprochenen Zertifizierungen entsprechen im Prinzip den Kriterien, welche den
Good-Practices-Regularien zu Grunde liegen. Vor allem ist auch in diesem
Qualitäts-Sicherungssystem die Teilung der Verantwortlichkeiten auf den Leiter
der Einrichtung, den Leiter der Aufgabe und den Leiter des Qualitäts-Sicherungsprogramms wiederzuerkennen. Um die Kriterien einer Zertifizierung zu erfüllen,
müssen die Betriebe ihre innere Organisationsstruktur dokumentieren, alle
vorkommenden Arbeitsabläufe in Verfahrensanweisungen (VA) und Arbeitsan-
weisungen (AA) niederlegen und ein Qualitäts-Sicherungsprogramm etabliert
haben, das hier Qualitäts-Management-System (QMS) genannt wird. Die so
zertifizierten Institutionen unterliegen jährlichen Inspektionen, sogenannten
'Audits'. Neben der Überprüfung formaler Kriterien ist entscheidend, inwieweit
nach den Anweisungen gearbeitet wird und ob die Mitarbeiter das Qualitäts-
Management-System mit Leben erfüllen. Außer den GP-Richtlinien gibt es zur
Qualitätssicherung auch noch die Systeme der EN 45001 und des ISO/IEC Guide
25. Für die Unterschiede der verschiedenen Systeme muß auf Spezialliteratur
verwiesen werden.

6.5 Berufliche Weiterbildung

Die Approbation als Apotheker ist der erste Schritt im beruflichen Werdegang.
Ihm folgt in der Regel immer häufiger eine Weiterbildung zum Fachapotheker.
Das Procedere regeln die Weiterbildungsordnungen der Länder. Gegenwärtig
kann man sich in verschiedenen Spezialgebieten weiterbilden und eine entspre-
chende Zusatzqualifikation erwerben. Die Fachgebiete im einzelnen sind: Offizin-
Pharmazie, Klinische Pharmazie, Pharmazeutische Technologie, Pharmazeutische
Analytik, Arzneimittelinformation, Öffentliches Gesundheitswesen (Beratung,
Toxikologie und Ökologie, Klinische Chemie, Theoretische und Praktische Aus-
bildung sowie Öffentlichkeitsarbeit).

Die Weiterbildung, die von der beruflichen Fortbildung zu unterscheiden ist,
besteht in einer praktischen Ausbildung an der Weiterbildungsstätte, an welcher
der Kandidat in der Regel ganztags beschäftigt sein muß. Dort begleitet ein zur
Weiterbildung Ermächtigter die mindestens dreijährige Ausbildungszeit des Kan-

didaten. Neben dem Erwerb praktischen beruflichen Wissens an der Arbeitsstätte, ist die Teilnahme an Seminaren von zusammen 120 Stunden vorgeschrieben, die von den Landesapothekerkammern anerkannt sein müssen. Außerdem ist in Absprache mit dem Weiterbilder eine größere schriftliche Arbeit über ein Thema aus dem Fachgebiet anzufertigen. Die Weiterbildung wird mit einer 60-minütigen mündlichen Prüfung abgeschlossen.

In den Ländern der Europäischen Union folgt die Spezialisierung der Apotheker nach unterschiedlichen Systemen. Während einerseits wie in Deutschland der Erwerb von praktischer Berufserfahrung im Vordergrund steht (Niederlande, Österreich, Dänemark), stellen anderenorts Zusatzstudiengänge die Wege der Spezialisierung dar (Großbritannien, Spanien, Italien, Griechenland).

Am weitesten entwickelt ist die Spezialisierung in der Fachrichtung *Krankenhauspharmazie / Klinische Pharmazie* (clinical pharmacy). Die Möglichkeit zur Spezialisierung auf diesem Gebiet ist in zwölf von 15 europäischen Ländern ziemlich weit fortgeschritten, folgt jedoch unterschiedlichen Ausbildungsformen. Für das Fach *Klinische Chemie* ist im Gegensatz zu Deutschland in den meisten Ländern eine Spezialisierung für Pharmazeuten bedeutungsvoll, da es im europäischen Mittel von 60% Nicht-Medizinern betreut wird. Acht der 15 EU-Staaten bieten deshalb Möglichkeiten dieser Spezialisierung an. Die *Offizin-Pharmazie*, die sich in Deutschland großer Beliebtheit erfreut, spielt in anderen EU-Ländern kaum eine Rolle, teilweise ist die Spezialisierung wieder abgeschafft worden. So verwundert es nicht, daß nur fünf von 15 Ländern diese Möglichkeit vorsehen.

Alle anderen in den verschiedenen europäischen Ländern möglichen Gebiete der Spezialisierung machen das weite berufliche Einsatzfeld für Pharmazeuten deutlich, darunter Toxikologie, Biopharmazie, Qualitätskontrolle, Radiopharmazie, Kosmetik und Industriepharmazie.

Glossar

Alkylans: Molekül, das zur Übertragung von Alkylresten befähigt ist
anthropogen: ἄνθρωπος Mensch, γίγνομαι machen; vom Menschen gemacht
Antibiotikum: ἀντί gegen, βίος Leben, gegen Bakterien wirksame Substanz
Dissoziation: Aufspaltung, Zerfall in Ionen durch Auflösung
Enantiomer, Eutomer, Distomer: μέρος Teil, ἐναντίος, Gegner, εὖ- gut, richtig,
    δύσ- falsch; Bezeichnung spiegelbildlicher Moleküle in der Stereochemie
Endothel: ἔνδον innen, θηλεῖν aufsprossen; innere einschichtige zelluläre Ausklei-
    dung von Gefäßen und Hohlorganen. Analog: Epithel: ἐπί, auf
Erythrozyten: ἐρυθρός rot, κύτος Zelle; rote Blutkörperchen (ca. $6 \times 10^6/\mu L$)
Facette: facies, Gesicht; unter einem gegebenen Winkel abgeschrägte Kante
Famulatur: famulus, Knecht, Schüler; unbezahlte Mitarbeit in einem Betrieb
Fluoreszenz: ursprünglich an verunreinigtem Fluorit (CaF_2) beobachtete Leuchter-
    scheinung. Heute Aussenden von sichtbarem Licht nach Bestrahlung
Generikum: unter einem nicht-geschützten Namen gehandeltes Arzneimittel
Glaukom: γλαυκός, graublau; Grüner Star, Gesichtsfeldausfall aufgrund einer
    Schädigung der Retina durch einen erhöhten Augeninnendruck; star = blind
Glucose: γλυκύς, süß; Traubenzucker. Davon auch abgeleitet Glucosid, Glykosid
Häm; -ämie; Hämoglobin: αἷμα, Blut; Eisenprotoporphyrin; Auftreten eines Stof-
    fes im Blut; roter Blutfarbstoff, der zur Sauerstoffbindung befähigt ist
Hämatokrit: κρίνειν, entscheiden; Anteil der zellulären Blutbestandteile in vol%
iatrochemisch: ἰατρός, Arzt; Benutzung von chem. Substanzen durch den Arzt
Katarakt: καταρράκτης, herabstürzend; Grauer Star, Trübung der Linse
Kontagiosum: contagium, Berührung, Einfluß, Ansteckung
Kosmetikum: κοσμείν, schmücken; Zubereitungen zur Pflege des Körpers
lege artis: lat. nach den Regeln der Kunst
Leukozyten: λευκός, weiß, κύτος, Zelle; weiße Blutkörperchen (ca. $7000/\mu L$)
Lytikum, Lyse: λύειν, lösen; Auflösung, Beendigung einer Wirkung
Materia medica: medizinische Substanz, frühere Bezeichnung der Pharmakologie
Mimetikum: μιμητικός, nachahmend; (para)sympathomimetisch
Miosis: μείωσις, Verkleinerung, hier: der Pupille
Monographie: μόνος, allein, γράφειν, schreiben; Beschreibung eines Arzneistoffs
    im Arzneibuch mit Prüfvorschriften für Identität und Reinheit
Morphin: Alkaloid aus Opium genannt nach Morpheus, dem Gott des Schlafes
Nomenklatur: nomenclatura, Namensverzeichnis
Nomogramm: νόμος, Gesetz; graphische Darstellung eines funktionellen Zusam-
    menhangs, der zum Ermitteln umständlich zu berechnender Größen dient

nukleophil, lipophil, hydrophil: φιλεῖν, lieben, nucleus, Kern, λίπος, Fett, ὕδωρ, Wasser; dienen der Charakterisierung von Substanzeigenschaften

Osmolarität: ὠσμός, Stoß; Konzentration der gelösten Teilchen, osmot. Druck

Pankreas: πάγκρεας Bauchspeicheldrüse

(Para)sympathikus: παρά, daneben; Zweige des vegetativen Nervensystems

Pharmakodynamik: δύναμις, Kraft; von einem Stoff ausgelöste Wirkungen

Pharmakognosie: γνῶσις, Erkennen; Erkennung pflanzlicher Drogen

Pharmakokinetik: φάρμακον, Heilmittel, κινεῖν, bewegen; Bewegung eines Stoffs im Körper und deren mathematische Beschreibung

Pharmakopoe: ποιεῖν, machen; Arzneibuch, Herstellungs- und Prüfvorschriften

Phokomelie: φώκη, Robbe, μέλος, Glied; Robbenglieder

Pistill: pistil frz. Keule, Stampfer, Stempel

Podozyt: πούς, Fuß, κύτος, Zelle; Zelle mit fußartigen Ausläufern

Präfix, Suffix: davor (prae) oder dahinter (sub) gehängter Wortbestandteil

Rezeptor: recipere, aufnehmen; Bindungsstelle für Pharmaka

Rezeptur/recipe/receipt: receptum Verpflichtung; aufgrund einer ärztlichen Verordnung herzustellendes Arzneimittel

Rheopexie: ῥέειν, fließen, πῆξις, Verfestigung; (reversible) Erhöhung der Viskosität eines Mediums durch mechanische Kräfte

Screening: engl. screen Sieb, Suchtest

Spektrophotometrie: spectrum, Bild, φῶς, Licht, μέτρειν, messen; wellenlängenabhängige Registrierung der Lichtintensität

Sphincter: σφίγγειν, zusammenschnüren; ringförmiger Schließmuskel

Stereochemie: στερεός, fest; Bereich der Chemie, der sich mit der festen räumlichen Anordnung der Liganden an einem Zentralatom beschäftigt

Stöchiometrie: στοιχεῖον, Element, μέτρειν, messen; Berechnung von Massen anhand chemischer Reaktionsgleichungen

Synapse: σύν ἅπτειν, zusammen fassen; Kontaktstelle von Nervenzelle und Organ oder von zwei Nervenzellen, dazwischen liegt der synaptische Spalt

Taxonomie: τάξις, Anordnung, νόμος, Gesetz; Klassifizierung von Organismen

Teratogenität: τέρας, Ungeheuer; Mißbildungspotential einer Substanz

therapeutische Breite: Abstand zwischen den Konzentrationen, die zur Auslösung von Wirkung und Nebenwirkung erforderlich sind (Sicherheitsmaß)

Thixotropie: θίξις, Berührung, τροπή, Wandlung; (reversible) Erniedrigung der Viskosität eines Mediums durch mechanische Kräfte

Toxizität, toxisch: τοξικός, zum Bogen gehörig; da Pfeilspitzen vergiftet waren, wurde das Wort später mit der Bedeutung 'giftig' verwendet.

Xenobiotikum: ξένος, fremd; ein für den Organismus fremdes Molekül

Ziliarkörper: cilium Oberlid, Wimper; bestehend aus Ziliarmuskel und Epithel, welches das Kammerwasser des Auges bildet

Zytostatikum: κύτος, Zelle, stare, stehen; die Zellteilung behindernde Substanzen

Empfehlenswerte Bücher

Chemie

Beyer, H., Walter, W.: Lehrbuch der Organischen Chemie. 23. Aufl. Stuttgart, Leipzig: S. Hirzel Verlag 1998

Hauptmann, S.: Starthilfe Chemie. 2. Aufl. Stuttgart, Leipzig: B.G. Teubner 1998

Jander, G., Blasius, E.: Einführung in das anorganisch-chemische Praktikum. 14. Aufl. Stuttgart, Leipzig: S. Hirzel Verlag 1995

Mortimer, C.E.: Chemie. 6. Aufl. Stuttgart: G. Thieme Verlag 1996

Organikum, Organisch chemisches Grundpraktikum. 20. Aufl. Weinheim: Wiley-VCH 1996, Neudruck 1999

Vollhardt, K.P.C.: Organische Chemie. 3. Aufl. Weinheim: Wiley-VCH 2000

Biochemie

Karlson, P., Doenecke D., Koolman, J.: Kurzes Lehrbuch der Biochemie. 14. Aufl. Stuttgart, New York: G. Thieme Verlag 1994

Koolman, J., Röhm, K.H.: Taschenatlas der Biochemie. 2. Aufl. Stuttgart, New York: G. Thieme Verlag 1998

Stryer, L.: Biochemie. 4. Aufl. Heidelberg: Spektrum Akademischer Verlag 1996

Physik, Physikalische Chemie

Hellenthal, W.: Physik für Biologen und Mediziner. 6. Aufl. Stuttgart: Wissenschaftliche Verlagsgesellschaft 1999

Stolz, W.: Starthilfe Physik. 2. Aufl. Stuttgart, Leipzig: B.G. Teubner Verlagsgesellschaft 1998

Pharmazeutische Biologie

Dingermann, T.: Gentechnik, Biotechnik. Stuttgart: Wissenschaftliche Verlagsgesellschaft 1999

Eschrich, W.: Pulver-Atlas der Drogen. 7. Aufl. Stuttgart: Deutscher Apotheker Verlag 1999

Frohne, D., Jensen, U.: Systematik des Pflanzenreichs. 5. Aufl. Stuttgart: Wissenschaftliche Verlagsgesellschaft 1998

Leistner, E., Breckle, S.W.: Pharmazeutische Biologie 1, Grundlagen und Systematik. 5. Aufl. Stuttgart: Deutscher Apotheker Verlag 1997

Wagner, H.: Pharmazeutische Biologie 2, Arzneidrogen und ihre Inhaltsstoffe. 6. Aufl. Stuttgart: Wissenschaftliche Verlagsgesellschaft 1999

Pharmazeutische Chemie

Auterhoff, H., Knabe, J., Höltje, H.D.: Lehrbuch der Pharmazeutischen Chemie. 14. Aufl. Stuttgart: Wissenschaftliche Verlagsgesellschaft 1999

Auterhoff, H., Kovar, K.A.: Identifizierung von Arzneistoffen. 6. Aufl. Stuttgart: Wissenschaftliche Verlagsgesellschaft 1998

Roth, H.J., Blaschke, G.: Pharmazeutische Analytik. 3. Aufl. Stuttgart: Deutscher Apotheker Verlag 1989

Pharmazeutische Technologie (Galenik)

Bauer, K., Frömming, K.H., Führer C.: Lehrbuch der Pharmazeutischen Technologie. 6. Aufl. Stuttgart: Wissenschaftliche Verlagsgesellschaft 1999

Voigt, R.: Lehrbuch der pharmazeutischen Technologie. 9. Aufl. Stuttgart: Deutscher Apotheker Verlag 2000

Physiologie, Anatomie

Kahle, W. / Leonhardt, H. / Platzer, W.: Taschenatlas der Anatomie. Band 1, 7. Aufl. 1999, Band 2 und 3, 6. Aufl. 1991. Stuttgart: G. Thieme Verlag

Silbernagel, S., Despopoulos, A.: Taschenatlas der Physiologie. 4. Aufl. Stuttgart: G. Thieme Verlag 1991

Thews, G., Mutschler, E., Vaupel, P.: Anatomie, Physiologie, Pathophysiologie des Menschen. 5. Aufl. Stuttgart: Wissenschaftliche Verlagsgesellschaft 1999

Pharmakologie und Toxikologie

Forth, W., Henschler, D., Rummel, W., Starke, K.: Pharmakologie und Toxikologie. 7. Aufl. Heidelberg: Spektrum Akademischer Verlag 1996

Fuhrmann, G.F.: Starthilfe Pharmakologie. Stuttgart, Leipzig: B.G. Teubner 1999

Lüllmann, H., Mohr, K.: Pharmakologie und Toxikologie. 14. Aufl. Stuttgart: G. Thieme Verlag 1999

Lüllmann, H., Mohr, K., Ziegler, A.: Taschenatlas der Pharmakologie. 3. Aufl. Stuttgart: G. Thieme Verlag 1996

Mutschler, E.: Arzneimittelwirkungen. 7. Aufl. Stuttgart: Wissenschaftliche Verlagsgesellschaft 1996

Reichl, F.X.: Taschenatlas der Toxikologie. Stuttgart: G. Thieme Verlag 1997

Pharmazeutische Praxis

Hörath, H.: Gefährliche Stoffe und ihre Zubereitungen. 5. Aufl. Stuttgart: Wissenschaftliche Verlagsgesellschaft 1997

Hügel, H., Fischer, J., Kohm, B.: Pharmazeutische Gesetzeskunde. Textsammlung für Studium und Praxis. 31. Aufl. Stuttgart: Deutscher Apotheker Verlag 1988

Jaehde, U., Radziwill, R., Mühlebach, S., Schunack, W.: Lehrbuch der Klinischen Pharmazie. 1. Aufl. Stuttgart: Wissenschaftliche Verlagsgesellschaft 1998

Kovar, K.A.: Pharmazeutische Praxis. 5. Aufl. Stuttgart: Wissenschaftliche Verlagsgesellschaft 1994

Pschyrembel, W.: Klinisches Wörterbuch. 258. Aufl. Berlin, New York: Walter de Gruyter 1997

Pharmazeutische Terminologie

Beyer, C.: Pharmazeutische und medizinische Terminologie. 4. Aufl. Stuttgart: Wissenschaftliche Verlagsgesellschaft 1996

Fresenius, P., Görlitzer, K.: Organisch-chemische Nomenklatur. 4. Aufl. Stuttgart: Wissenschaftliche Verlagsgesellschaft 1998

Pharmazeutische Zeitschriften

Deutsche Apothekerzeitung. Stuttgart: Deutscher Apotheker Verlag

Krankenhaus-Pharmazie. Stuttgart: Deutscher Apotheker Verlag

Pharmazeutische Zeitung. Eschborn: Govi-Verlag

Pharmazie in unserer Zeit. Weinheim: Wiley-VCH

Internet-Adressen

Liste Pharmazeutischer Hochschuleinrichtungen in Deutschland:
http://www.uni-muenster.de/Chemie/PT/INSTGER.HTM

Liste der Universitäten, Hochschulen und Fachhochschulen
in der Schweiz: http://www.ethz.ch/overview/unis_en.html
in Oesterreich: http://www.ac-info.ac.at/unilist.html

Sachverzeichnis